名著精選

心の謎から心の科学へ

# 人工知能

名著精選　心の謎から心の科学へ

# 人工知能

チューリング／ブルックス／ヒントン

監修：開 一夫　中島秀之

ARTIFICIAL INTELLIGENCE

# 目　次

# 凡例

・文献参照は(Turing 1937)(美濃 2008)のように著者姓と出版年で示し、文献書誌は巻末にまとめた。
・原注は各著作の末尾に置いた。
・原文の斜体、隔字体などによる強調は、原則として傍点や太字体とした。
・訳者による短い補足は本文中〔　〕に入れて記し、長めの訳注は各著作の末尾に置いた。
・各翻訳に関する書誌事項などの詳細は、冒頭に付した導入に記している。

# イントロダクション

中島秀之

AＩ（人工知能）の研究分野の歴史を振り返ってみると、記号処理とパターン認識という二大分野に分かれている。あるいは、知能の本質は記号処理にあるとする物理記号仮説派とそれ以外と言うべきかもしれない。前者には、チューリング、サイモン、ミンスキー、マッカーシーといったAＩ創成期の研究者が名前を連ねている。後者には実に多岐にわたる分野が属していて、画像認識、ロボット、ニューラルネットワークなどが代表的である。

本書では物理記号仮説派の代表としてチューリングの論文を選んだ。他の三編はアンチ記号派である。ロボット用の新しいアーキテクチャーを提案したブルックス、人工生命という研究分野を立ち上げたラングトン、そして現在のAＩブームの口火を切った深層学習（ディープラーニング）のヒントンである。

これら四編の論文はそれぞれの分野を代表するだけでなく、総体としてAＩの全体像を見せてくれる。

この企画を始めるにあたって、二〇一七年に日本の元気な研究者を集めてAＩの全体像を語る座談会を開いた。複雑系とALife（人工生命）の池上、ロボットの石黒、認知神経科学の梅田、自然言語処理の佐藤、発達認知科学の開、そして私（専門をAＩと言ってしまうとこの文脈では広すぎるのだが、それ以外には一言で言い難い。一応推論としておこう）だ。この座談会は、読者を気にせず参加者で楽しんでしまったのでわかりにくいものになってしまったかもしれない。月刊誌『科学』二〇一九年四・五月号に掲載されたが、本書にも再録されている。

以下各論文の簡単な紹介である。

## A・チューリング「計算機械と知能」

チューリングはチューリング・マシンという万能計算機のモデルを構築したことでも有名である。我々が現在目にしているデジタルコンピューターもチューリング・マシンの実装例の一つである。彼はデジタルコンピューターで人間の知的活動が真似られるのかという問いをこの論文で肯定的に論じている。

後にペンローズによって書かれた『皇帝の新しい心』に使われたゲーデルの不完全性定理によるＡＩ批判に対して、すでにこの論文で反論がなされていることも注目に値する。

これはＡＩの最初の夏、第一世代がコンピューターに期待していたことが窺える論文である。同時に、物理記号仮説の支持者が狙っていた知能が、ブルックスの論文で目指しているものとは大きく違っていることもわかる。この乖離は今でも続いていて、つい先日（二〇一九年一一月）に開催された文科省とＪＳＴ（科学技術振興機構）による、日本のＡＩの方向性を議論する戦略会議でも、自然言語によるコミュニケーションの実現を目指す筆者らと、知能の根元は運動にあるのだからそこに立ち戻るべきであるとする研究者の対立があった。後者の論拠としては「運動しないものには脳がない」ということがある。しかし、人類には脳があるだけではなく言語があると主張したい。ハラリの『サピエンス全史』にも、ホモ・サピエンスの強さは言葉による虚構(宗教や政治)によって集団を結束させられる能力にあり、しかもこの虚構は進化より遥かに早く変化できる点にあるという主張がある。

## G・ヒントン「特徴量はどこから来るのか?」

AIのもう一つの大きな流れはニューラルネットワークである。こちらの歴史も記号処理と同じくらい古く、一九五七年のパーセプトロンに遡る。しかしながら記号処理派のミンスキーとパパートが出版した『パーセプトロン』は、パーセプトロンの原理を示すと同時にその理論的限界をも示すものであった。これによりニューラルネットワークの冬がやってくる。現在はAIの第三の夏と言われており、この夏は深層学習によるものだが、第一の夏と第二の夏は記号処理とニューラルネットワークでそれぞれ独立に、しかし時期を同じくして盛り上がったのは面白い。第二の夏は一九八〇年代であるが、これも記号処理の第二の夏:知識情報処理の台頭と時期をほぼ同じくする。ルーメルハートらが誤差逆伝播法(バックプロパゲーション)を発明し、パーセプトロンの限界を克服し、理論的にはすべての概念が獲得可能となり、コネクショニズムとして台頭した。しかしながらあと一歩というところで実用にならなかったのは同年代の知識情報処理(エキスパートシステム)と同じである。これが深層学習という枠組みを得て現在の大ブレークに至っている。深層学習開発の中心にいたのがヒントンであり、この論文は彼の研究をまとめたものである。

なお、ヒントンは深層学習の業績により二〇一八年にチューリング賞、二〇一九年に本田賞を受賞した。私は本田賞の選考委員であったのでその模様を少しだけ紹介しておく。本田賞の授賞式で彼は“The Deep Learning Revolution”と題した記念講演を行った。それは、私が本稿の最初に書いたようなＡＩの二大パラダイム（彼によると論理に基づくアプローチと生物に基づくアプローチ）の確執に関するものであった。最初のうちは記号処理派には散々馬鹿にされたが、ＩｏＴ（Internet of Things）によって得られる大量のデータとコンピューター（ＧＰＵ）の高速化により実用になり、ついに記号処理派の息の根を止めたという挑戦的な内容であった。ただし、最後には、記号処理派は人間の知能に関する多くの洞察をもっているから、これからは一緒にやっていきたいと締め括った。

現在の深層学習は画像認識や言語の翻訳などに圧倒的な威力を発揮する。新しい絵画を描いたりもするようになった。ただ、記号処理の中心的課題とも言える推論の問題にはまだ手がついていない。おそらく、この部分には記号処理との融合が必要なのだと私は考えている。人間の脳はニューラルネットワークだけですべてをこなしているのだから、記号処理をあえて外から導入する必要はないのかもしれないが、その場合は深層学習以上の新しいアーキテクチャーが必要となるに違いない。

## C・ラングトン「人工生命」

ラングトンはALife（人工生命）という分野の創始者の一人である。彼によるとALifeとＡＩではアプローチが逆方向になっているという。ALifeでは単純な部品を用意し、あとはそれらの創発により複雑なシステムが出現することを期待する。それに対し、ＡＩでは人間の知能という全体から出発してその部品を探求しているというのだ。私はこの意見には必ずしも賛同しない。ＡＩの知能の研究には両方向が存在する。人間の知能を観察することが最初にあることは間違いないが、これをプログラムとして実現するときにはボトムアップな構成的手法が採られる(同じく知能を研究する心理学とＡＩとの違いはこの構成的手法の有無にある)。

チューリングが本書所収の論文内で知的プログラムの構成手法として遺伝的アルゴリズムに近いものを記述していることからも、ＡＩとALifeの親和性の高さは窺い知れると思う。

## R・ブルックス「ゾウはチェスをしない」

これはブルックスが提案しているサブサンプション・アーキテクチャーとその実例が書かれた論文である。サブサンプション・アーキテクチャーの提案自体はもっと前の、彼の修士論文「表象なしの知能」でなされているが、この論文はその後のさまざまなロボットの実装経験を経た後にまとめられたものである。物理記号仮説への痛烈な批判が込められている。

なお、ご存知の方も多いと思うが、ブルックスはiRobotという会社を設立し、サブサンプション・アーキテクチャーによる掃除機ルンバを販売している。

上記以外に選びたかった論文や書籍は多い。以下、印象深いものを挙げておく。

（1）物理記号仮説派のマッカーシーとヘイズによるフレーム問題の報告はその後数十年にわたる研究の種となった。ＡＩ研究者が発見した哲学問題としても有名である。

McCarthy, Jon, and Patric Hayes (1969). Some Philosophical Problems from the Standpoint of Artificial Intelligence. In B. Meltzer, and D. Michie (eds.), *Machine Intelligence* 4, pp. 463–502, Edinburgh University Press.

上記の日本語訳が含まれるものとして：

Ｊ・マッカーシー、Ｐ・Ｊ・ヘイズ、松原仁『人工知能になぜ哲学が必要か：フレーム問題の発端と展開』三浦謙 訳、哲学書房、一九九〇年。

（2）ノーベル経済学賞を受賞したサイモンによる、記号処理アプローチの集大成とも言える書籍：

Newell, Allen, and Herbert A. Simon (1972). *Human Problem Solving*, Prentice Hall.

残念ながらこれには邦訳がない。ただ、サイモンの弟子である安西祐一郎の書籍がその雰囲気を伝えている：

安西祐一郎『問題解決の心理学：人間の時代への発想』中公新書、一九八五年。

（3）サイモンは自然科学に対峙するものとして人工物の科学が重要としている。*The Sciences of the Artificial* と題されたこの本は、一九六九年に初版、一九八一年に第二版、そして一九九六年に複雑系の記述が追加された第三版が出版されている。

Simon, Herbert A. (1996). *The Sciences of the Artificial*, third edition, MIT Press. ハーバート・A・サイモン『システムの科学 第3版』稲葉元吉、吉原英樹 訳、パーソナルメディア、一九九九年。

（4）直接AIには分類できないと思うが、フォン・ノイマンの自己増殖オートマトンの本も画期的な著書である。

Von Neumann, John (1966). *Theory of Self-reproducing Automata*, University of Illinois Press. J・フォン・ノイマン『自己増殖オートマトンの理論』高橋秀俊 監訳、岩波書店、一九七五年。

ラングトンの論文中でも参照されている歴史的な著作で、ある意味ALifeの走りとも言える。

（5）若くして他界した天才的視覚研究者のマーによる以下の本も記念碑的なものである。

Marr, David (1982). *Vision: A computational investigation into the human representation and processing of visual information*, W. H. Freeman. デビッド・マー『ビジョン：視覚の計算理論と脳内表現』乾敏郎、安藤広志 訳、産業図書、一九八七年。

原著の方は二〇一〇年に復刻版が出ている。なお日本では、川人が『ビジョン』に書かれた脳の計算理論を発展させたものを書いている。

川人光男『脳の計算理論』産業図書、一九九六年。

他にも紹介したい文献は数多くあるのだが、キリがないのでこの辺りに留めておく。

## 参照文献

Penrose, Roger (1989). *The Emperor's New Mind: Concerning computers, minds, and the laws of physics*, Oxford University Press. ロジャー・ペンローズ『皇帝の新しい心：コンピュータ・心・物理法則』林一訳、みすず書房、一九九四年。

Harari, Yuval Noah (2014). *Sapiens: A brief history of humankind*, Vintage Books. ユヴァル・ノア・ハラリ『サピエンス全史：文明の構造と人類の幸福(上・下)』柴田裕之訳、河出書房新社、二〇一六年。

Minsky, Marvin, and Seymour Papert (1969). *Perceptrons: An introduction to computational geometry*. MIT Press. M・ミンスキー、S・パパート『パーセプトロン：パターン認識理論への道』斎藤正男訳、東京大学出版会、一九七一年。

Brooks, Rodney (1991). Intelligence without Representation. *Artificial Intelligence* 47: 139–160.「表象なしの知能」柴田正良訳、『現代思想』18(3): 85–105, 1990.（翻訳の方が古いのは元の修士論文を訳したものだから）

# 計算機械と知能

アラン・M・チューリング

水原　文［訳］

Alan M. Turing (1950). Computing Machinery and Intelligence, *Mind* 59: 433–460 の翻訳である。

「天才」という言葉を軽々しく使いたくはないが、チューリングはまさに天才である。数学、論理学、計算機科学、暗号、哲学、数理生物学など多数の分野で類いまれなる業績を残した。チューリングの名前は、計算機科学や人工知能の研究者ではなくても聞いたことがあるはずだ。二〇二一年から発行される五〇ポンド紙幣の絵柄としてチューリングの肖像が採用されるらしい。（ナチス・ドイツの暗号解読に貢献したことが採用の理由としてあげられている。）

チューリング・マシン、チューリング・パターン、チャーチ゠チューリングのテーゼ、チューリング賞などチューリングの名前を冠した術語は多数ある。この論文は、「チューリング」が冠された術語の一つ「チューリング・テスト」の元論文である。（論文の中では、「イミテーション・ゲーム」として登場する。）出版年は、一九五〇年、当時は第二次世界大戦が終わったばかりである。もちろん、当時の計算機（コンピューター）の性能は現在のものと比較にならないほど貧弱である。しかし、「天才」の想像力は流石である。「知能」の本質的部分は、（自然言語を用いた）人間との「対話」で判定可能である、たとえ身体や感覚器が無くても、イミテーション・ゲームのような方法を使うことで、機械が「知能」を有しているかどうかを判別できる、という主張である。また「子ども機械」に対する「個人教授」によって機械を教育することで知能機械を構築するというアイデアも興味深い。これらの点は、本書所収のブルックスの主張とは対照的である。　〔開　一夫〕

## 1　イミテーション・ゲーム

「機械が考えることはできるか？」という問いについて考えてみたい。この考察は、「機械」と「考える」という言葉の意味の定義から始めるべきだろう。その定義は、これらの単語の通常の用法になるべく沿うように作り上げることもできるだろうが、そうすることには危険が伴う。もし「機械」と「考える」という単語の意味が、それらの言葉が普通どのように使われているか調べることによって決められるのであれば、単語の意味や「機械が考えることはできるか？」という問いの答えを、ギャラップ世論調査のような統計調査で求めるべきだという結論から逃れることは困難である。しかし、これはばかげたことである。そのような定義を試みる代わりに、この問いを別の問いで置き換えることにする。新たな問いは、元の問いと密接に関係しているが、それよりもあいまいさの少ない単語で表現される。

この新しい形をした問題は、われわれが「イミテーション（模倣）・ゲーム」と呼ぶゲームを利用して説明できる。このゲームは、男（A）、女（B）、そして質問者（C）の三名によってプレイされる。質問者の性別は問わない。質問者は、他の二人とは別の部屋にいる。質問者にとってのこのゲームの目標は、他の二人のどちらが男でどちらが女かを判断することである。質問者は二人をXとYという仮の名前で呼び、ゲームの最後に「XがAでYがBである」または「XがBでYがAである」のいずれかを宣言する。質問者は、例えば次のような質問をAとBに行うことが許される。

C：Xさん、あなたの髪の長さを教えてください。

ここでXが実際にはAであるとすれば、Aが答えなくてはならない。Aにとってのこのゲームの目標は、Cが間違った判断をするように仕向けることである。したがってAの答えは次のようなものになるだろう。

「後頭部からうなじにかけて刈り込んだショートヘアで、一番長いところで九インチ〔二三センチメートル〕ほどです。」

質問者が声質から手がかりを得られないよう、回答は筆談によるべきであり、タイプライターを使えばなおよい。二つの部屋の間で通信を行うテレタイプが設置されていれば理想的である。あるいは、質問と回答を仲介者が復唱してもよい。三番目のプレイヤー(B)にとってのこのゲームの目標は、質問者を助けることである。彼女にとって最善の戦略は、おそらく正直に答えることであろう。自分の答えに「私が女です、彼の言うことを聞いてはいけません!」などと付け加えることもできるが、男も同じようなことを言えるため、何の役にも立たないだろう。

ここで次のように問おう。「このゲームで、機械がAの役を演じたら何が起きるだろうか?」このようにゲームがプレイされた場合に質問者は、人間の男女によってゲームがプレイされるときと同じ頻度で、間違った判断をするだろうか？　これらの問いが、元の「機械が考えることはできるか？」という問いに取って代わることになる。

## 2　新しい問題への批判

「この新しい形をした問いへの答えはどうなるだろうか」という疑問だけではなく、「この新しい問いはわざわざ探究するほどの価値があるのだろうか？」という疑問を持つ人もいるかもしれない。議論の無限後退を断ち切るために、後者の疑問をまず片づけておこう。

新しい問題には、人間の身体的能力と知的能力とをかなり明確に線引きできるという利点がある。どんなエンジニアも化学者も、人間の皮膚と区別できないような素材を作り上げることはできていない。いつかはそれが成し遂げられる日が来るかもしれないが、たとえそのような素材が利用できたとしても、「考える機械」にそのような人工皮膚をまとわせて、より人間らしく見せようとすることには、あまり意味がなさそうに思われる。この新しい形をした問題では、質問者からは他の参加者の姿を見たり体を触ったり声を聴いたりできないという条件に、その事実が反映されている。提案された判断基準には、それ以外の利点があることも、以下の質疑応答例から明らかであろう。

Q：フォース・ブリッジを題材にしたソネットを書いてください。

Ａ：それは勘弁してくださいな。詩を書いたことなどないのです。

Ｑ：３４９５７足す７０７６４は。

Ａ：（三〇秒ほどたってから答えを出す）１０５６２１です。

Ｑ：チェスはしますか？

Ａ：はい。

Ｑ：私の側はＫ１にキングがあり、他の駒はありません。あなたの側はＫ６にキングが、Ｒ１にルークがあるだけです。あなたの手番です。どうしますか？

Ａ：（一五秒たってから）ルークをＲ８に動かします。これで詰みです。

この質疑応答手法は、われわれが知りたいと望む人間の知的活動のどんな分野を持ち出す場合にも、適切であるように思える。われわれは、美人コンテストに出られないからと言って機械を困らせようとは思わないし、飛行機と競争して負けるからと言って人間を困らせようとも思わない。われわれのゲームの条件では、これらができないことは無関係である。「証言者」たち〔ＡとＢ〕が、何かに役立つだろうと思えば、自分の魅力や強さや勇気について大げさに言い立てることはあるかもしれないが、実際にそれを見せてみろと質問者が要求することはできないのである。

このゲームは、あまりにも機械に不利だという理由から批判されるかもしれない。もし人間が機械のふりをしようとすれば、お粗末な結果しか残せないはずである。計算の遅さと不正確さによって、すぐに見破られるであろう。思考とみなされるべきこと、しかし人間がすることとは非常に異なったことを、機械が行うことはないのだろうか？　この反対意見は非常に強力なものではあるが、少なくとも次のことは言える。いずれにせよイミテーション・ゲームを満足にプレイできる機械が構築できれば、このような反対意見に煩わされる必要はないのである。

「イミテーション・ゲーム」をプレイする機械にとっての最善の戦略が、人間の振舞いをまねること以外にあるのではないか、という主張もあるかもしれない。そうかもしれないが、そうだとしても大して影響はないだろう、と私は考える。いずれにせよ、ここではゲームのセオリーについて研究するつもりはないので、最善の戦略は人間が自然に答えるであろう回答を提供しようと試みることである、と仮定しよう。

## 3　このゲームに参加する機械

第1節で提示した問いは、「機械」という言葉によって意味されるものを規定しなければ明確なものとはならないであろう。われわれの機械にはあらゆる種類の工学技術が利用できる、とするのは自然なことである。また、動作するけれども（もっぱら実験的な手法を適用して作り上げられたため）制作者にもその動作原理を十分に説明することができないような機械を、一人のエンジニアあるいはエンジニアのチームが構築する可能性も考えておきたい。最後に、通常の方法で生まれた人間は、機械には含まれないものとしたい。これら三つの条件を満足するものとして定義を組み立てることは困難である。例えばエンジニアのチームがすべて同じ性別の人間から構成されるよう要求したところで、実際には十分とは言えない。人間の(例えば)皮膚の一細胞から完全な一人の人間を生み出すことは、おそらく可能だからである。そのようなことが実現すれば、生物学的技術の偉業として大喝采を浴びることになるだろうが、誰もそれを「考える機械を作り出す」例に数えようとは思わないであろう。このため、あらゆる種類の技術が許されるべきである、という要件は放棄されることになる。この判断をさらに後押しするのは、現在の「考える機械」への関心の高まりが、通常は「電子計算機」あるいは「デジタルコンピューター」と呼ばれる特定の種類の機械によって引き起こされたという事実である。このような理由により、われわれのゲームにはデジタルコンピューターのみが参加できるものとする。

この制約は、一見したところ非常に重大なものに思える。実際にはそうではないことを、これからの議論によって示したい。そのためには、この種のコンピューターの性質と特性に関する簡単な説明が必要となる。

また、このように機械をデジタルコンピューターと同一視することが(「考える」ことの判断基準と同様)不適当となるのは、(私の信ずるところに反して)デジタルコンピューターがこのゲームで良い結果を出せないと判明した場合のみであることも言えるであろう。

すでに実稼働しているデジタルコンピューターは数多く存在するのだから、「今すぐ実験してみてはどうか?　このゲームの条件を満たすのは簡単だろう。質問者を何人か用意して、どれだけの頻度で正しい判断が行われたか、統計を取ることもできるはずだ」という意見もあるだろう。手短に答えると、われわれが知りたいのは、すべてのデジタルコンピューターがこのゲームで良い結果を出せるかどうかということでも、現存するコンピューターがよい結果を出せるかどうかということでもなく、想像上のコンピューターで良い結果を出せるものが存在するか、ということなのである。しかしこれは手短な回答にすぎない。この問題は、のちほど違う角度から考えてみよう。

## 4　デジタルコンピューター

デジタルコンピューターの背景にある考え方を説明するには、これらの機械は人間の計算者によって行える任意の計算を実行できるように作られている、と言えばよいだろう。人間の計算者は、決まったルールに従うことが求められる。どんな細かいことでも、ルールから逸脱する権限はないのである。これらのルールは一冊の本として与えられ、新しい仕事につくたびに別の本が与えられる、と仮定してよい。また計算者には、計算を行うための紙が無制限に供給される。さらに、掛け算や足し算を行うために「卓上機械」を使うこともあるかもしれない。しかし、これは重要な点ではない。

以上の説明を定義として利用すると、循環論法に陥るおそれがある。それを避けるために、どのような手段を用いれば望ましい結果が得られるか、大まかに説明する。デジタルコンピューターは通常、次の三つの部分から構成されるとみなされる。

（i）記憶装置

（ii）実行ユニット

### (iii) 制御部

記憶装置は情報の保存場所であり、人間の計算者では紙に相当する。これは計算用紙ともなり、ルールの本が印刷される紙ともなる。人間の計算者が暗算で計算を行う場合には、記憶装置の一部は計算者の記憶力に相当することになる。

実行ユニットは、計算に必要とされるさまざまな個別操作を実行する部分である。これらの個別操作がどのようなものであるかは、機械によって異なるであろう。通常は「3540675445に7076345687を掛ける」といった、かなり複雑な操作が行えるが、機械によっては「0を書き留める」といった非常に単純な操作のみが可能である。

計算者に与えられる「ルールの本」が、機械では記憶装置の一部によって置き換えられることはすでに述べた。その場合、これは「命令のテーブル(一覧表)」と呼ばれる。これらの命令が正確に、正しい順番で実行されるように取り計らうのが制御部の役割である。制御部は、そのような動作が保証されるように構築される。

記憶装置にある情報は、適度に小さなサイズのパケットに分割されるのが普通である。例えば、ある機械ではパケットが一〇個の一〇進数字から構成されるかもしれない。さまざまな情報のパケットが保存される記憶装置の部分部分には、何らかの体系に基づいて、番地が割り当てられる。典型的な命令は次のようなものになるだろう。

「6809番地に保存された数値を、4302番地に保存された数値と加算し、その結果を後者の保存場所に格納せよ。」

いうまでもなく、機械の中では命令が英語で表現されるわけではない。それは例えば、６８０９４３０２１７といった形式にコード化されることになるであろう。ここで17は、実行可能なさまざまな操作のうち、どの操作が二つの数値に対して行われるかを示している。この場合、その操作は先述のように「加算」である。この命令は一〇個の数字で表現されるため、非常に都合よく、一個の情報パケットに収まることに注目されたい。制御部は通常、命令が保存されている番地の順番に従って命令を実行するが、時には

「次は５６０６番地に保存された命令を実行し、そこから次に進め」

といった命令や、

「４５０５番地に0が格納されていれば６７０７番地に保存された命令を次に実行し、そうでなければそのまま次に進め」

といった命令があるかもしれない。後者のような命令は、非常に重要である。なぜならば、何らかの条件が満たされるまで一連の操作を繰り返し実行させること、しかも繰り返しごとに新しい命令を実行するのではなく、同じ命令を何度も繰り返して実行させることが可能となるためである。卑近な例をとって説明しよう。母親がトミーに、毎朝学校へ行く途中に靴屋に立ち寄って靴ができているかどうか確かめてもらいたいとしよう。母親はトミーに、毎朝同じことを頼むこともできる。あるいは、母親は一度だけ居間に張り紙をして、トミーが学校へ行くたびにそれを見て靴の様子を見てくることを思い出し、そして靴を持って帰ったときにはその張り紙をはがすようにさせることもできる。

読者は、これまでに説明した原則に従ってデジタルコンピューターが構築可能であること、そして現実に構築されていること、さらに人間の計算者の行動を非常にうまく模倣することが実際に可能であることを、事実として受け止められたい。

人間の計算者が利用するものとして説明したルールの本は、もちろん説明の都合上のフィクションである。実際の人間の計算者は、しなければならないことを記憶している。何らかの複雑な操作を行っている人間の計算者の振舞いを機械に模倣させたければ、その計算者がどのようにそれを行っているのかを聞き出して、それを命令テーブルの形式に変換する必要がある。命令テーブルを作り上げる行為は、通常「プログラミング」と呼ばれる。「操作Aを実行するように機械をプログラミングする」とは、機械に適切な命令テーブルを格納してAを行わせることを意味する。

デジタルコンピューターの概念に関連する興味深い変種として、「ランダム要素を持つデジタルコンピューター」がある。このようなコンピューターには、サイコロを振るか、それに相当する電子的プロセスを行うための命令がある。その命令は、例えば「サイコロを振り、出た数を記憶装置の１００番地に格納せよ」のようなものになるであろう。そのような機械は、自由意志を持つと説明されることもある(しかし私自身はこのフレーズを使おうとは思わない)。機械にランダム要素が搭載されているかどうかを観察によって知ることは、通常は不可能である。同様の結果は、πの一〇進表現の各桁の数字に基づいて選択を行うような仕掛けでも生み出せるからである。

実際のデジタルコンピューターは、有限の記憶装置しかもっていないものが大部分である。無制限の記憶装置を持つコンピューターを考えることには、理論的な困難は存在しない。もちろん、任意の時点で利用できるのは、記憶装置の有限な部分のみである。同様に、構築可能な記憶装置の大きさも有限であるが、要求に応じてどんどん追加されると想像することはできる。そのようなコンピューターは特別な理論的興味の対象となっており、無限容量コンピューターと呼ばれる。

デジタルコンピューターのアイディアは、古くから存在する。一八二八年から一八三九年までケンブリッジ大学のルーカス教授職にあったチャールズ・バベッジが、そのような機械(解析機関と呼ばれる)を計画したが、ついに完成しなかった。バベッジは基本的なアイディアをすべて持っていたのだが、彼の機械は当時それほど魅力的とは思われなかったのである。達成できたであろう速度は人間の計算者よりも確実に速かったが、近代の機械の中では低速なものとされるマンチェスター機械よりも、さらに一〇〇倍ほどは遅かったであろう。記憶装置は、ホイールとカードを使った、純粋に機械的なものになるはずであった。

バベッジの解析機関が完全に機械的なものになるはずだったという事実は、迷信に惑わされないために役立つ。近代のデジタルコンピューターが電気的なものであり、神経系もまた電気的なものである、という事実が重要視されることは多い。バベッジの機械が電気的なものではなかったという理由から、そしてすべてのデジタルコンピューターはある意味で同等であるという理由から、このような電気の利用が理論上重要なものではあり得ないことがわかる。もちろん、高速な信号の伝達にはたいてい電気が有利であるため、デジタルコンピューターや神経系に電気が利用されているのは不思議なことではない。神経系においては、化学現象も電気と少なくとも同程度には重要である。一部のコンピューターでは、音響的な記憶装置が主として使われている。つまり電気の利用という特徴は、非常に表層的な類似にすぎないことが理解される。そのような類似性を見つけようとするならば、むしろ機能の数学的類似点に目を向けるべきである。

## 5　デジタルコンピューターの万能性

前節で考察したデジタルコンピューターは、「離散状態機械」の一種として分類されることもある。離散状態機械とは、きわめて明確なある状態から別の状態へと、突然のジャンプでカチッと移り変わる機械である。これらの状態は、互いに混同される可能性が無視できるほど、十分に異なっている。厳密に言えば、そのような機械は存在しない。実際には、すべては連続的に移り変わるからである。しかし、離散状態機械であるとみなすことが有益であるような、さまざまな種類の機械が存在する。例えば、照明システムのスイッチを考える際には、各スイッチが明確にオンか明確にオフかのどちらかの状態しかとらない、とするのが便利なフィクションである。中間の状態も存在するはずだが、ほとんどの目的には忘れてしまっても問題ない。離散状態機械の一例として、一秒に一回一二〇度ずつカチカチと回転するホイールを考えてみよう。ただし、この回転は外部から操作可能なレバーによって停止させることができる。さらに、ホイールがある角度に回転したときには、ランプが点灯するものとする。この機械は、以下のように抽象的な記述が可能である。この機械の内部状態(ホイールの回転角度によって示される)は$q_1$、$q_2$、$q_3$のいずれかである。入力信号は$i_0$または$i_1$のいずれかである(レバーの位置)。任意の時点における内部状態は、直前の状態と入力信号により、**表1**に従って決まる。出力信号、つまり唯一の外部から観測可能な内部状態の表示（ランプ）は、**表2**で記述される。この例は、離散状態機械として典型的なものである。離散状態機械は、取り得る状態の数が有限である限り、このような表によって記述できる。

この機械は、初期状態と入力信号が与えられれば、将来の状態をすべて予測することが常に可能であると思われるだろう。このことは、ラプラスの見解（すべての粒子の位置と速度を記述することによって、ある瞬間における宇宙の完全な状態を知ることができれば、すべての将来の状態を予測できるはずである）を連想させる。しかし、ここでいう予測は、ラプラスの考える予測よりも、だいぶ現実に近いものである。「宇宙全体」のシステムでは、初期状態におけるきわめて小さな誤差が、その後に圧倒的な影響を及ぼし得る。ある瞬間における、たった一個の電子の位置の一〇億分の一センチメートルの違いが、一年後に誰かが雪崩にあって死ぬか、それとも難を逃れるかを左右するかもしれない。このような現象が起こらないというのが、「離散状態機械」と呼ばれる機械的システムの基本的な性質である。理想化された機械の代わりに実際の物理的な機械を考える場合でも、ある瞬間における状態のまずまず正確な知識から、任意のステップが経過した後のまずまず正確な知識が得られるのである。

すでに述べたように、デジタルコンピューターは離散状態機械に分類される。しかし、そのような機械が取り得る状態数は、非常に

**表1**

| | | 直前の状態 | | |
|---|---|---|---|---|
| | | $q_1$ | $q_2$ | $q_3$ |
| 入力 | $i_0$ | $q_2$ | $q_3$ | $q_1$ |
| | $i_1$ | $q_1$ | $q_2$ | $q_3$ |

**表2**

| 状態 | $q_1$ | $q_2$ | $q_3$ |
|---|---|---|---|
| 出力 | $o_0$ | $o_0$ | $o_1$ |

多いのが普通である。例えば、マンチェスターで現在稼働中の機械の状態数は約2の16万5000乗、すなわち約10の5万乗である。これを、先ほど説明したカチカチ回るホイールの例（三つの状態を持つ）と比較されたい。状態数がこれほど膨大なものとなる理由を理解することは難しくない。コンピューターには、人間の計算者の使う紙に相当する記憶装置が含まれる。この記憶装置には、紙に書かれ得る記号のあらゆる組み合わせを書き込むことができなくてはならない。簡単のため、0から9までの数字だけが記号として使われると仮定しよう。手書きによる字体の違いは無視するものとする。コンピューターが100枚の紙を扱い、1枚あたり50行、1行あたり30個の数字が書き込めるものと仮定する。この場合、状態数は10の100×50×30乗、すなわち10の15万乗となる。これは、マンチェスター機械3台分の状態数を合計したものにほぼ等しい。状態数の2を底《てい》とする対数をとったものを、その機械の「記憶容量」(訳注1)と呼ぶ。すなわち、マンチェスター機械の記憶容量は約16万5000であり、先ほど例に挙げたホイール機械の記憶容量は約1・6である。2台の機械を組み合わせた場合、それらの機械の容量を足し合わせれば新しい機械の容量が得られるはずである。つまり、次のように述べることが可能である。「マンチェスター機械は、容量2560の磁気トラック64本と、容量1280の電子管8本を備える。総数300ほどのさまざまな記憶装置を合計すれば、容量は17万4380となる。」

離散状態機械に対応する表さえあれば、その機械の動作を予測することができる。この計算に、デジタルコンピューターが利用できない理由は何もない。計算が十分に高速に実行できると仮定すれば、任意の離散状態機械の振舞いがデジタルコンピューターによって模倣できることになる。つまり、問題の機械（Bにあたる）と、それを模倣するデジタルコンピューター（Aにあたる）によって、イミテーション・ゲームをプレイすることが可能であり、質問者がそれらを区別することはできないであろう。もちろんデジタルコンピューターには、十分に高速に動作することだけでなく、十分な記憶容量を持つことも要求される。さらに、デジタルコンピューターは、模倣する対象の機械ごとに、新しくプログラムされなくてはならない。

任意の離散状態機械を模倣できるという、デジタルコンピューターのこの特別な性質は、デジタルコンピューターは万能機械である、という言い方で表現される。この性質を持つ機械が存在することから、速度の点を別とすれば、さまざまな計算プロセスを行うためにさまざまな新しい機械を設計する必要はない、という重要な結論が得られる。それらのプロセスはすべて、それぞれの場合について適切にプログラムされた、一台のデジタルコンピューターによって行えるからである。その結果として、すべてのデジタルコンピューターは、ある意味、同等であることもわかる。

ここで、第3節の末尾で提示した問題をもう一度考えてみよう。そこでは、「機械は考えることができるか?」という問いを、「イミテーション・ゲームで良い結果を出せる想像上のデジタルコンピューターは存在するか?」という問いで仮に置き換えてみることが提案された。なんなら、これを見かけ上さらに一般的な「良い結果を出せる離散状態機械は存在するか?」という問いに変えることもできる。しかし万能性を考慮すると、これらの問いはどちらも、次の問いと同等であることがわかる。「特定のデジタルコンピューターCについてのみ考えることにしよう。十分な記憶容量を持つようにこのコンピューターを改造し、相応に動作速度を向上させ、適切なプログラムを提供することによって、Cはイミテーション・ゲームにおけるAの役割を満足に演じられるだろうか? Bの役割は人間が担うとする。」

## 6　主問題に対する反対意見

これで問題点は整理されたとみなして、「機械は考えることができるか?」という問いや、前節の末尾で引用したその変種に関する議論へと進むことにしよう。元の形の問題を完全に放棄することはできない。この置き換えが適切であるかについては意見が分かれるであろうし、またこれに関して言われるべきことには、少なくとも耳を傾ける必要はあるためである。

読者にとって問題をわかりやすくするために、まずこの問題に関する私自身の考えを説明しておこう。最初に、この問いをより正確な形で述べることを考えてみよう。今後五〇年もすれば、コンピューター(記憶容量が10の9乗程度のもの)をプログラムしてイミテーション・ゲームをプレイさせ、平均的な質問者が5分間の質問の後で正しい判断を下す確率が70%以下となるほどの好成績をあげられるようになる、と私は確信している。「機械は考えることができるか?」という元の問いは、あまりに無意味で議論に値しない、と私は考える。それでもなお、今世紀〔二〇世紀〕末までには言葉の使い方も、教養のある人々に一般的な意見も、大きく変わり、考える機械について反発を招くことなく話せるようになるだろう、とも私は確信している。さらに私は、このような信念を隠しても何の役にも立たないと信じている。科学者は確立した事実から確立した事実へと冷徹に論を進め、証明されていない予想に惑わされることなどない、という俗見は、大きな誤解である。どれが証明済みの事実で、どれが予想である、ということさえ明確になっていれば、何の問題もない。研究の進むべき道を示唆してくれる予想は、非常に重要なのである。

次に、私の意見に対する反対意見について考えてみよう。

**(1) 神学的な反論**　考えることは、人間の不滅の魂の働きである。神は不滅の魂をすべての男と女に与えられたが、他のどんな動物にも、あるいは機械にも、与えられなかった。したがって、どんな動物や機械も考えることはできない。

私はこの議論のどの部分も受け入れることはできないが、神学の用語を使って反論を試みてみよう。思うに、動物が人間と同類とされていれば、この議論はもっと説得力があったであろう。私にとって、典型的な生物と無生物との間に存在する違いは、人間とその他の動物との間に存在する違いよりも、はるかに大きいからである。キリスト教正統派の意見が恣意的であることは、それが他の宗教共同体に属する人にとってどう聞こえるか考えてみればはっきりする。女には魂がないというムスリムの意見を、クリスチャンはどう考えるであろうか？　しかしこの点は置いておいて、議論の本筋に戻ることにしよう。私にとって、先述の議論は全能の神の無限の力に深刻な制約があることを示唆しているように見える。例えば1と2を等しくするなど、神にもできないことがあることは認められよう。しかし、神が良しとされればゾウにも自由に魂を与えられる、と信じるべきではないのだろうか？　神がこの力を行使するのは、魂を必要とするほどにしかるべく進歩した脳をゾウにもたらす突然変異が伴う場合のみである、と考えてもよかろう。全く同じ形の議論は、機械の場合についても成り立つ。違っているように見えるのは、こちらのほうが「承服」しがたいためである。しかし実際にこれが意味するところは、魂を与えるのに適していると神がみなす状況ではなさそうだ、とわれわれが考えているということでしかない。このような状況については、この論文で後に議論する。そのような機械を構築しようとする試みは、子どもを作ることと同様、魂を作る神の力を不敬にも侵害するものではない。むしろ人間は、いずれの場合も神の意思の手足であり、神の作られる魂に居場所を提供しているだけなのである[1]。

しかし、これは単なる空論である。何を擁護するために使われたとしても、私は神学的な議論にはあまり感心しない。そのような議論は、納得できるものであったためしがないからである。ガリレオの時代には、「日はとどまり……まる一日、中天にとどまり、急いで傾こうとしなかった。」(ヨシュア記10章13節)や「主は地をその基の上に据えられた。地は、世々限りなく、揺らぐことがない。」(詩編104編5節)[訳注2]といった聖書の言葉が、コペルニクスの理論を十分に論破するものとされた。われわれの現在の知識に照らせば、そのような議論は実りのないものに見える。そのような知識がなかった時代には、与える印象はずいぶん違ったのである。

**(2)現実逃避的な反論**　「機械が考えるとすると、その影響は非常に恐ろしいものになる。機械が考えることはできてほしくないので、そう信じることにする。」

この議論は、右のような形で公然と表明されることは少ない。しかし、その影響は、この問題について少しでも考える人の大部分に及んでいる。人間は、何らかの微妙な点で他の創造物よりも優れている、とわれわれは信じがちである。人間が必然的に優れていることが証明できれば、万物の霊長たる地位を失うおそれがなくなるので、なお望ましい。神学的な議論が好まれるのは、明らかにこのような感情と関係している。この傾向は、知識人の中で特に強いようである。彼らは他の人たちよりも思考力に高い価値を認め、またこの能力を根拠として人間の優越性を信ずる傾向があるためである。

私は、この議論が反論を必要とするほど意味のあるものだとは思っていない。議論よりも、慰めのほうが適切であろう。そのような慰めは、魂の転生に求めるべきなのかもしれない。

**(3) 数学的な反論**　離散状態機械の能力に限界があることを示すために利用できる数理論理学の成果は、数多く存在する。これらの成果の中でも、ゲーデルの定理(Gödel 1931)と呼ばれるものは最もよく知られている。これは、いかなる十分に強力な論理体系においても、その体系自体に矛盾が含まれる可能性がない限り、その体系の中で証明も反証もできない言明が構築できることを示すものである。それ以外にも、いくつかの点で似通った結果が、チャーチ(Church 1936)、クリーネ(Kleene 1935)、ロッサー〔文献参照が指示されているが原文の文献リストに載っていない〕、およびチューリング(Turing 1937)によって得られている。最後のものは直に機械について述べているので考察に最も適しているが、それ以外のものは比較的間接的な議論のみに利用できる。例えば、ゲーデルの定理を利用する場合には、それに加えて何らかの手段によって論理系を機械として記述すること、そして機械を論理系として記述することが必要となる。チューリングの結果は、ある種の機械(基本的には無限の容量を持つデジタルコンピューターである)に関するものであり、そのような機械にはできないことがあるということを述べている。つまり、その機械がイミテーション・ゲームに参加して質問に回答するように構築された場合、その機械が間違った回答をしたり、あるいはどれだけ長い時間が与えられたとしても全く回答できなかったりするような問題が存在することになる。もちろん、そのような質問は多数存在するかもしれないし、また一台の機械には答えられない質問が他の機械によって満足に答えられることもあるかもしれない。もちろんわれわれは現在のところ、「あなたはピカソについてどう思いますか?」といったたぐいの質問ではなく、「イエス」か「ノー」で答えられるような質問を想定している。機械には答えられないことがわかっている質問は次のような種類のものである。「……のように規定された機械があると考えます。この機械は、何らかの質問に対して「イエス」と答えることがあるでしょうか?」ここで「……」の部分は、ある機械の標準的な形式での記述と置き換えられる。そのような記述の一例は、第5節に示した。記述された機械と、質問されている機械との間に、特定の比較的単純な関連性がある場合、答えが間違っているか、答えられないかのどちらかになることが証明できる。これは数学的な成果であり、人間の知性には存在しない機械の制約を証明するものだ、という議論である。

この議論に対して、以下のように端的に答えることもできる。任意の特定の機械の能力に限界があることは証明されているが、人間の知性にはそのような限界が当てはまらないということは、どのような証明もなしに、述べられているに過ぎない。しかし私は、この意見はそのように軽々に棄却され得るものではないと考える。これらの機械のどれかに評価を決する適切な質問がなされ、明確な回答が得られたときには、必ずその答えは間違っていることがわかる。そのことから、われわれはある種の優越感を覚える。この感覚は幻想なのだろうか? 本物であることは間違いないが、このことにあまり重きを置くべきではないと私は考える。われわれ自身も質問に対して間違った答えを出すことは非常に多いのであるから、このように機械が間違う証拠をつかんだからと言って大喜びすることは正当化されない。さらに、その状況で優越感を覚えることが可能なのは、われわれがささやかな勝利を収めた一台の機械に対してのみなのである。すべての機械に対して同時に勝利を収めることができるような質問は、存在しないであろう。要するに、どの機械をとっても、それより賢い人間はいるかもしれないが、それよりも賢い別の機械が存在するかもしれない、等々と話は続くことになる。

この数学的議論をよりどころとする人たちには、イミテーション・ゲームを議論の土台とすることをほぼ受け入れてもらえるだろうと私は考えている。これよりも前の二つの反論を信奉している人たちは、おそらくどんな判断基準にも興味を示さないであろう。

**(4)意識からの議論**　この議論は、ジェファーソン教授の一九四九年リスター・メダル受賞記念講演によく表現されているので、ここに引用する(Jefferson 1949)。「機械が、思考や情動の感受により、そして記号の偶然の配置によらずに、ソネットを書いたりコンチェルトを作曲したりできるようになるまでは、機械が頭脳に匹敵すること、すなわち単に書くだけではなく自分が書いたと理解していることを、われわれが認めることはできないであろう。どんなメカニズムも、成功の喜びを(安直に作り出せるような、人工的な信号を発するだけではなく)感じることは、できない。真空管のフィラメントが切れたときに悲しんだり、お世辞を言われて喜んだり、間違いをしてみじめな気分になったり、性的な魅力を感じたり、望むものが得られなかったとき怒ったり落ち込んだりもできないのである。」

この議論は、われわれのテストの有効性を否定しているように見える。この意見を最も極端な形に推し進めれば、機械が考えていることを確かめるには、自分が機械となり、自分自身が考えていると感じるしか方法はない、ということになる。そのようにすれば、感じたことを世界に向かって説明することはできるかもしれないが、もちろん誰も聞く耳を持ちようがないであろう。同様にこの見解に従えば、ある人物が考えていると知るには、その特定の人物になるしかない。これは、もはや唯我論の視点である。考え方としては最も論理的なのかもしれないが、考えを伝えることが難しくなってしまう。Aは「Aは考えているがBは考えていない」と信じがちである一方で、Bは「Bは考えているがAは考えていない」と信じることになる。この点について延々と議論し続ける代わりに、誰もが考えているということを儀礼的に取り決めるのが通常のやり方である。

　ジェファーソン教授が、このような極端で唯我論的な見方をしたいわけではないということを、私は確信している。おそらく彼は、イミテーション・ゲームをテストとして進んで受け入れるであろう。このゲーム(プレイヤーBを除外した形で)は「口頭試問」という名前で、誰かが何かを本当に理解しているか、それとも単に「オウム返し」しているだけなのかを判断するために、実際によく利用されている。そのような「口頭試問」の一部を立ち聞きしてみよう。

試験官：あなたのソネットの最初の行、「あなたを夏の日にたとえようか(Shall I compare thee to a summer's day)(訳注3)」は、「春の日(a spring day)」としたほうがいいんじゃありませんか?

被試験者：それでは韻が合いません。

試験官：では「冬の日(a winter's day)」ではどうですか。これなら韻は合うでしょう。

被試験者：それはそうですが、誰も冬の日にたとえられたいとは思わないでしょう。

試験官：あなたはピックウィック(訳注4)氏からクリスマスを連想しますか?

被試験者：ええ、まあ。
試験官：しかしクリスマスは冬の日ですし、私はピックウィック氏がクリスマスにたとえられていやな気分になるとは思えませんがね。
被試験者：まじめにおっしゃっているとは思えません。「冬の日」といえば思い出すのは普通の冬の日です。クリスマスのような、特別の日ではありません。

といった具合である。もし、ソネットを書く機械が口頭試問において、このように答えることができたとすれば、ジェファーソン教授は何と言うだろうか？　私には、この機械が「人工的な信号を発するだけ」だと彼がみなすのかどうかはわからないが、右の一節のように満足できる回答が続くのであれば、彼がそれを「安直に作り出せる」と形容するとは思えないのである。この発言は、誰かがソネットを読んでいるところを録音し、適当なタイミングでそれを再生するような装置を念頭に置いたものだと私は考えている。

要するに、意識からの議論を支持する人々の大部分は、説得すればそれを捨てさせることができる（唯我論的な立場に追いやるのではなく）と私は考えている。そして彼らは、おそらくわれわれのテストを受け入れてくれるであろう。

意識に関する謎など存在しない、と私が考えているという印象を与えたとすれば本意ではない。例えば、意識の発生する領域を特定しようとするどんな試みにも、何らかのパラドックスが付きまとう。しかし、この論文で取り組んでいる問題に答える前に、どうしてもこのような謎を解決する必要があるとは思えないのである。

**(5)さまざまな能力の制約からの議論**　このような議論は、以下のような形をとって表れる。「あなたが言及したようなことがすべてできる機械を作ることが可能なことは認めよう。しかし、Xのような機械は絶対に作れないだろう。」この文脈では、さまざまな特徴Xが提示される。以下にいくつか例を挙げておこう。

親切にする、機転の利く、美しい、親しみのある*、自発性のある、ユーモア感覚のある、善悪を区別できる、間違いを犯す*、恋に落ちる、いちごクリームを賞味する*、誰かに恋心を起こさせる、経験から学ぶ*、適切な言葉遣いをする、自分自身について考える*、人と同じくらい多様な振舞いをする、本当の意味で新しいことをする*。(これらの制約のうち*をつけたものは後で特に考察する。)

このような発言には、何も裏付けが提供されないのが普通である。これらは大部分、科学的帰納法の原理に基づいたものだと私は考えている。一人の人間は、それまでの人生の中で何千台もの機械を見ている。その人は自分の見たものから、いくつもの一般的な結論を導き出す。機械は醜い、どれも非常に限定された目的のために設計されている、ほんの少し違う目的に使おうとすると使い物にならない、どれも非常に狭い幅の振舞いしかできない、等々である。当然のようにその人は、これらが機械一般に付き物の特性であるという結論に達してしまう。これらの制約の多くは、大部分の機械の記憶容量が非常に小さいことと関係している。(私は、記憶容量の概念が何らかの形で拡張され、離散状態機械以外の機械についても適用されると想定している。この議論は数学的な厳密さを要求するものではないので、正確な定義は重要ではない。)数年前、デジタルコンピューターのことがほとんど知られていなかったころ、その構造を説明せずにその特性について語ったとすれば、大いに不信感を招いたのではなかろうか。おそらくそれは、先ほどと同様に科学的帰納法の原理を適用したことによるものであっただろう。このような原理は、もちろんほとんど無意識のうちに適用される。やけどをした子どもが火を恐れ、火を避けることによって火への恐怖を示すとき、その子どもは科学的帰納法を適用していると言えるであろう。(もちろん、その子どもの振舞いは、それ以外にも数多くの方法で説明できる。) 人類の行為や慣習は、科学的帰納法を適用するのにあまり適した対象とは思えない。時空間の非常に大きな部分を調査しなければ、信頼できる結論は得られないからである。そうでないと、われわれイギリス人は(大部分のイギリスの子どもたちと同じように)誰もが英語を話すと決めつけて、フランス語を学ぶことなどばかばかしい、と考えてしまうことにもなりかねない。

しかし、これまで述べてきたような制約の多くについて、特に言っておくべきことがある。いちごクリームを賞味できないなどといった制約は、読者もばかばかしく感じるだろう。このおいしいごちそうを賞味できるような機械を作り上げることは可能かもしれないが、そんなものを作ろうとすることはばかげているとしか言いようがない。この制約に関して重要なことは、それがいくつかの他の制約の一因となり得ることである。例えば、白人と白人との間、あるいは黒人と黒人との間に結ばれるような友情と同じような友情を、人間と機械との間に結ぶことは難しいであろう。

「機械は間違いを犯せない」という主張は、おかしなもののように思える。「それのどこが悪いんだ?」と切り返したくもなる。しかしここでは、もう少し好意的な態度をとって、本当はどういう意味なのか、理解しようとしてみよう。この批判はイミテーション・ゲームを使って説明できると思う。

質問者が機械と人間とを区別するには、単純に計算問題をたくさん与えればいい、という主張がある。機械は正確無比であるため、化けの皮が剝がれるというわけである。これに対する反論はシンプルである。機械(このゲームをプレイするようにプログラムされたもの)は、すべての計算問題に対して正しい答えを出そうとはしないであろう。質問者を混乱させるように計算されたやり方で、故意に間違いを紛れ込ませるであろう。運算において不自然な間違い方をするため、機械的に作り出された間違いだと見抜かれることはあるかもしれない。この批判をこのように解釈しても、十分に好意的なものではない。しかし、これについてさらに深く掘り下げるには紙面が足りない。私には、この批判が二種類の間違いの混同に起因しているように思われる。その二種類の間違いを、「作動のエラー」と「結論のエラー」と呼ぶことにする。作動のエラーは、何らかの機械的または電気的故障に起因し、機械に設計されたものとは違う振舞いをさせるものである。哲学的な議論では、そのようなエラーの可能性は無視して、「抽象機械」について議論することが多い。このような抽象機械は、物体ではなく数学的なフィクションである。定義により、抽象機械は作動のエラーを犯すことができない。この意味で、「機械は間違いを犯すことができない」と言うことは正しい。これに対して結論のエラーは、機械からの出力信号に何らかの意味が付与されている場合にのみ生じ得る。例えば、数学の方程式や英語の文章をタイプする機械があるとしよう。偽となる命題がタイプされたとき、その機械は結論のエラーを犯した、という。明らかに、機械がこの種の間違いを犯すことができない理由はどこにもない。繰り返し「0＝1」とタイプするだけでいいのである。もう少し意地の悪くない例としては、何らかの手法を用いて科学的帰納法による結論を導き出す機械が挙げられる。そのような手法からは、時には誤った結論が導き出されることが当然予想される。

機械が自分自身について考えることができないという主張には、もちろん、その機械が何らかの対象について何らかの考えを持っていることが示せなければ、答えることができない。それにもかかわらず、「機械の操作の対象」という言葉には、少なくともそれを扱う人にとっては、何らかの意味があるように思われる。例えば、機械が方程式 $x^2-40x-11=0$ の解を求めようとしている場合であれば、その時点におけるその機械の対象物の一部としてこの方程式を考えたくなるであろう。そのような意味で、機械は疑いなくそれ自身の対象物となり得るのである。機械を使って、その機械自体のプログラムを作成したり、その機械自体の構造変更の影響を予測したりすることもできるだろう。自分自身の振舞いの結果を観察することによって、何らかの目的をより効率的に達成できるように、その機械自体のプログラムを変更することも可能である。これらはユートピア的な夢物語ではなく、近い将来に実現可能なことである。

機械にはあまり多様な振舞いができないという批判は、単にあまり大きな記憶容量を持てないと言っているだけのことである。かなり最近までは、一〇〇〇桁の記憶容量でさえ、ほとんど見かけることはなかった。

ここで考察したような批判は、意識からの議論が形を変えたものであることが多い。機械にこれらのどれかができると主張し、その機械に利用できる手法を説明しても、大して感心されないのが普通である。その手法(どんな手法であれ、それは機械的なものであるはずだから)は、実際にはかなり程度の低いものと考えられるためである。(4)に引用したジェファーソンの主張のカッコ書きと比較されたい。

**(6)ラヴレース伯爵夫人の反論**　バベッジの解析機関に関する最も詳細な情報は、ラヴレース伯爵夫人による覚書から得られる。その中で彼女は、「解析機関は、何物かを生み出すことを標榜するものではありません。解析機関は、**私たちが指示の仕方をわかっていることなら何でも**、行うことができるのです」と述べている（強調はラヴレース伯爵夫人による）。この主張はハートリー（Hartree 1949 : 70）によって引用され、次の言葉が付け加えられている。「これは、「自分自身について考える」電子機器や、「学習」の基礎となるような（生物学の用語を借りれば）条件反射を引き起こせるような電子機器を作り上げることが不可能であることを示しているわけではない。このようなことが原理的に可能かどうかは興味深く刺激的な問題であり、最近ではこの問題を取り上げた研究も現れてきている。しかし、その時点で構築あるいは計画されていた機械には、このような性質を持ったものがあるようには思えなかった、ということなのだ。」

私はこれに関して、ハートリーに全面的に同意する。彼の主張は、解析機関にその性質がなかったということではなく、ラヴレース伯爵夫人に利用できた証拠では解析機関にその性質があると彼女が確信するには至らなかったことである点に注目されたい。解析機関が、ある意味でこの性質を持っていたことは十分にあり得る。離散状態機械の中に、その性質をもつものがあると仮定しよう。解析機関は万能デジタルコンピューターであったため、記憶容量と速度が十分であったとすれば、適切なプログラミングによってその機械を模倣させることができたはずである。おそらくこの議論は、伯爵夫人やバベッジには思いつかなかったであろう。いずれにせよ、彼らには主張できることをすべて主張する義務はなかったのである。

この問題全体については、「学習する機械」の節で再び考察する。

ラヴレース伯爵夫人の反論の変形として、機械には「本当の意味で新しいことは絶対にできない」というものがある。これは、「日の下に新しいものなし」という格言によって、とりあえず退けられるであろう。自分の「創作」が、教育によって植え付けられた種子の単なる芽生えでもなく、よく知られた一般原則に従った結果でもないことを、誰が確信できるであろうか。この反論の少しはましな変形として、機械には「われわれを驚かすことは絶対にできない」というものがある。この主張はより直接的な挑戦であり、直接的な反論が可能である。機械は非常に頻繁に、私を驚かせる。これは主に、私が十分な計算を行わずに機械に期待する振舞いを判断してしまっているためである。あるいは、計算は行っているのだが、急いでいい加減なやり方をするという危険を冒しているためである。たぶん私は自分にこう言っているのだろう。「ここの電圧は、あそこの電圧と同じはずだ。とにかくそう仮定してしまおう。」当然のことながら多くの場合私は間違っていて、その結果は私にとって驚きとなる。実験が終わるときまでに、このような仮定をしていることはすっかり忘れてしまっているからである。このような告白は、私のだらしないやり方に対する批判を招くことにはなるだろうが、私が経験した驚きについての私の証言の信用性にいささかの疑いも投げかけるものではない。

このような返答によって私を批判する人々を沈黙させられるとは、私も期待していない。批判者はおそらく、そのような驚きは私の側での何らかの創造的な精神活動によるものであり、機械に帰すべきものではない、と言うであろう。これによってわれわれは意識からの議論へと引き戻され、驚きという考えからは遠ざかって行く。この議論はすでに決着したものと考えざるを得ないが、何かに驚きを感じるためには、その驚くべき出来事を引き起こしたものが人であれ、本であれ、機械であれ、他の何であれ、等しく「創造的な精神活動」が必要とされることは、述べておく価値があるかもしれない。

機械が驚きを与えることはできない、という意見は、哲学者や数学者が特に陥りがちな過ちに由来していると私は確信している。それは、ある事実が心に浮かんだとき、それとともにその事実のすべての結果が同時に心に思い浮かぶ、という思い込みである。これは数多くの状況で非常に役立つ仮定ではあるが、それが間違いであることはいともたやすく忘れてしまいがちである。その自然な帰結として、データと一般原則から地道に結果を導き出すことが価値のないことであると決めつけてしまうのである。

**(7)神経系の連続性からの議論**　神経系が離散状態機械ではないことは明らかである。ニューロンに作用する神経インパルスのサイズに関する情報の小さなエラーが、出力インパルスのサイズに大きな違いを引き起こすこともある。そのことを踏まえて、神経系の振舞いを離散状態システムによって模倣できるとは期待できない、と論ずることもできるであろう。

確かに、離散状態機械は連続機械とは異なるものである。しかしイミテーション・ゲームの条件に従えば、質問者がこの違いを利用することは全くできない。この状況は、神経系とは異なる、よりシンプルな連続機械を考えてみれば、さらに明らかになる。微分解析機が好例であろう。(微分解析機とは、ある種の計算に用いられる、離散状態型ではない機械である。)微分解析機の中にはタイプされた形で答を出力するため、このゲームへの参加に適しているものがある。ある問題に対して微分解析機がどのような答を出すかを、デジタルコンピューターが正確に予測することは不可能であっても、おおよそ正しい答えを出すことは十分に可能である。例えば、πの値(実際には約3・1416)を出すよう求められた場合、(例えば)それぞれ0・05、0・15、0・55、0・19、0・06の確率で3・12、3・13、3・14、3・15、3・16のどれかをランダムに選べばよいであろう。このような状況の下では、質問者が微分解析機をデジタルコンピューターと区別することは非常に困難であろう。

## (8)非定式的な振舞いからの議論

考えられるあらゆる状況において、人が取るべき行動を記述するルールの集合を作り上げることは不可能である。例えば、赤信号を見たら止まれ、青信号を見たら進め、というルールがあったとして、何かの故障で赤と青の両方が同時に点灯したらどうなるであろうか？　止まるほうが安全だと判断するかもしれない。しかし、この決断が後になって別の問題を引き起こすこともあり得る。たとえ交通信号に関するものであっても、すべての可能性を網羅した行動のルールを提供することは、不可能のように思える。このすべてに私は同意する。

ここから、われわれは機械ではありえないという議論をする人がいる。私はこの議論を以下に再現してみるつもりだが、うまく行くかどうかはわからない。この議論は、以下のように進むようである。「ある人が行為のルールの明確な集合を持ち、それに従って生活を規制しているのだとすれば、その人は機械も同然である。しかしそのようなルールは存在しないのであるから、人間は機械ではありえない。」媒概念不周延の虚偽(訳注5)は明らかである。これと全く同じように議論が提示されるとは私も思っていないが、結局はこれと同じ論法が使われていると私は信じている。しかし「行為のルール」と

「振舞いの法則」との間のある種の混乱が、この問題をわかりづらくしていることはあるかもしれない。「行為のルール」は「赤信号を見たら止まれ」といった指針を意味する。これに従って行動することは可能であり、また意識することも可能である。一方、「振舞いの法則」は「誰かをつねれば、その人は悲鳴を上げるだろう」といった、自然法則が人体に適用されたものを意味する。先ほど挙げた議論の中で「それに従って生活を規制する行為のルール」を「それに従って生活を規制する振舞いの法則」に変えたとすれば、媒概念不周延の虚偽はもはや克服できないものではなくなる。振舞いの法則に規制されていれば何らかの種類の機械(しかし、離散状態機械とは限らない)である、というだけでなく、逆に、そのような機械であればそのような法則に規制されている、ということも真だとわれわれは信じているからである。しかし、完全な振舞いの法則が存在しないことは、完全な行為のルールが存在しないことほど、簡単に納得できることではない。そのような法則を見つけるために知られている唯一の方法は科学的な観察であり、「十分に探したが、そのような法則は存在しない」と言えるような状況が知られていないことは確かである。

より強力に、あらゆる類似した言明が正当化されないことを論証することもできる。例えば、そのような法則が存在したならば確実に見つけ出すことができると仮定しよう。すると、ある離散状態機械が与えられたとき、それに関する十分な観察を行うことによって、その将来の振舞いを予測する方法を、例えば一〇〇〇年といった妥当な時間内に、確実に見つけ出せるはずである。しかし、これは事実とは思われない。私は、わずか一〇〇〇ユニットの記憶容量しか利用しない小さなプログラムを、マンチェスター・コンピューターのために書いた。このプログラムは、機械に16桁の数字が与えられると、2秒以内に別の16桁の数字を回答するものである。これらの回答からプログラムについて学び、試されたことのない値に対する回答を予測できるという人がいるのなら、ぜひお目にかかりたいものである。

**(9)超感覚的知覚に基づく議論**　超感覚的知覚(ESP)の概念と、その四つの形態、つまりテレパシー、透視能力、予知能力、そして念力の意味については、読者もご存じであろう。これらの気がかりな現象は、われわれの通常の科学的観念をすべて否定しているように思われる。これらをなかったことにできたら、どんなに良いだろうか！　残念ながら、少なくともテレパシーについては、統計的な証拠が豊富に存在している。(訳注6)これらの新しい事実を考慮に入れて、われわれの考えを再構築することは非常に困難である。これらを受け入れたとすると、幽霊やお化けを信じるのもそう遠いことではないだろう。人体は、既知の物理法則に単純に従っているだけではなく、未発見だがそれに似た何か別の法則にも従っている、という認識がまずは妥当なところであろう。

私にとってこの議論は、きわめて強力なものに思われる。これに対する答えとして、多くの科学理論は、ESPと相いれないにもかかわらず、実際には成り立っているように見えるし、ESPのことを忘れてしまえば実際すべては非常にうまく行く、と主張することもできる。しかしこれは気休めにすぎないし、思考という現象にもESPが大きくかかわっているかもしれないのである。

ESPに基づく、より具体的な議論は次のようになるであろう。「イミテーション・ゲーム」を、テレパシー受信能力に優れた人と、デジタルコンピューターとを参加者として、プレイしよう。質問者は、「私が右手に持っているカードのマークは何ですか?」といった質問ができる。人はテレパシーまたは透視能力によって、400枚のカードに対して130回正答する。機械はランダムに推測することしかできず、例えば104回正答するとすれば、質問者は正しく判定できることになる。」ここには、興味深い可能性が存在する。デジタルコンピューターには、乱数発生器が備わっているとしよう。そうすると、どんな答えをするか決めるためにそれを使うのは自然なことであろう。しかし乱数発生器は、質問者の念力の影響を受けることになる。もしかすると、その念力のため機械は確率計算によって期待されるよりも頻繁に正答するようになるので、質問者は正しい判定ができなくなるかもしれない。その一方で、質問者は透視能力によって、何の質問もせずに正しく判定できるかもしれない。ＥＳＰを仮定すれば、あらゆることが起こり得るのである。

テレパシーを認めると、テストをより厳密なものにする必要がある。この状況は、質問者のひとりごとをプレイヤーのひとりが壁に耳をつけて聞いている場合に生じる状況に類似しているとみなせる。プレイヤーを「防テレパシー室」に入れれば、すべての要件は満たされるであろう。

## 7　学習する機械

おそらく読者は、私の意見を裏付けるような非常に説得力のある議論を、私が持っていないことを予期していたことだろう。もし持っていたとすれば、わざわざ反対意見のあら探しをする必要はなかったはずである。私が持っている証拠を、これから示して行こう。

ここで少しの間、ラヴレース伯爵夫人の反論に戻ってみよう。それは、機械には命じられたことしかできない、というものであった。いわば、人は機械に考えを「吹き込む」ことができ、それによって機械は、ピアノの弦がハンマーで叩かれたときのように、ある程度の反応を示した後に再び沈黙するのである。もうひとつの比喩として考えられるのは、臨界質量に達していない原子炉である。吹き込まれる考えは、外部から原子炉に入射した中性子に相当する。そのような中性子は、一定の擾乱を引き起こすが、その擾乱は最終的に消えてしまう。しかし、原子炉のサイズを十分に大きなものとすれば、そのような入射中性子によって引き起こされた擾乱がどんどん拡大し、原子炉全体が破壊されてしまうことは大いにあり得る。心について、そして機械について、これに相当する現象は存在するであろうか？ 人の心については、存在するように思える。大部分の人の心は「臨界未満」であり、先ほどのたとえでは臨界質量未満の原子炉に相当する。そのような心に対して提示された考えは、それに反応して平均1個未満の考えを誘発する。臨界超過の人の心は、割合としてはわずかである。そのような心に提示された考えは、二次的、三次的、そしてさらに発展した考えをも含む、完全な「理論」を誘発するかもしれない。動物の心は、間違いなく臨界未満であるように思われる。このたとえ話を続けるとすれば、「機械を臨界超過にすることはできるか？」と問うことになる。

「タマネギの皮」のたとえもまた、有用である。心や脳の働きを考える際には、特定の作用を純粋に機械論的な用語を使って説明できることが知られている。しかしそれは本物の心に相当するものではなく、タマネギの皮のようなものであって、本物の心を見つけるためにはその皮をむかなくてはならないのである。しかし皮をむいた後にも、さらにむかれるべき皮が見つかり、延々とそれが続くことになる。このようなことを続けていけば、「本物の」心に到達するのであろうか、それとも最後には中身のない皮に到達するのであろうか？　後者の場合には、心全体が機械論的なものとなる。（しかし離散状態機械ではないであろう。このことについてはすでに議論した。）

ここまでの二つのパラグラフは、説得力ある議論とは言えない。むしろこれらは、「信念を組み立てるための口ならし」とでも呼ぶべきものであろう。

第6節の最初に提示した見解の裏付けとなり得る、本当に納得できる証拠は、今世紀〔二〇世紀〕末まで待ち、そこで説明した実験を行うことによってのみ提供されるであろう。しかし、それまでに何か言えることはないだろうか？　実験を成功させるために、現時点で取るべき手段は何だろうか？

すでに説明したように、問題は主にプログラミングにある。工学的な進歩もなされなくてはならないであろうが、それが要件を満たさないことはありそうにない。脳の記憶容量は、$10^{10}$から$10^{15}$ビットの範囲であると見積もられている。私は低いほうの値に近いと考えており、またそのごく一部しか高等な思考には利用されていないと信じている。おそらくその大部分は、視覚的印象の保持に使われているのであろう。少なくとも盲人についてては、イミテーション・ゲームを十分にプレイするために$10^9$以上が必要だとしたら、私にとって驚きに値する。（注―「エンサイクロペディア・ブリタニカ」第一一版の容量は$2 \times 10^9$である。）$10^7$の記憶容量は、現在の技術でも十分に達成可能であろう。機械の動作速度の向上は、おそらく全く必要ないであろう。最近の機械の部品（神経細胞に相当するものとみなせる）は、神経細胞の一〇〇〇倍ほどの速度で動作する。これが「安全マージン」となるため、さまざまな原因によって生じる速度の低下を埋め合わせることは可能であろう。そうすると、われわれにとっての問題は、イミテーション・ゲームをプレイできるようにこのような機械をプログラムする方法を見つけ出すことになる。私自身の現在の作業速度では、一日に約一〇〇〇桁のプログラムを書くことができている。したがって、何もゴミ箱行きにならないと仮定すれば、六〇人ほどの作業者が五〇年間着実に作業することによって、この仕事をやり遂げられるかもしれない。もう少し迅速な手法が望まれるであろう。

人間の大人の心を模倣しようとする場合、心が現在の状態になるまでのプロセスを尊重しなくてはならない。このプロセスは、三つの部分に分けて考えることができる。

（a）心の初期状態(例えば誕生時)。
（b）それまでに心が受けた教育。
（c）それまでに心が受けた、教育とみなされるもの以外の経験。

人間の大人の心を模倣するプログラムを作ろうとする代わりに、子どもの心を模倣するプログラムを作ってみてはどうだろうか？　その後、これに適切な教育課程を受けさせれば、大人の脳が得られるであろう。子どもの脳は、文房具屋で買ってくるノートのようなものであると想像できる。かなり少ないメカニズムと、大量の空白のページ。（われわれの観点からは、メカニズムと文字を書くこととはほとんど同じことである。）われわれの期待は、子どもの脳にはメカニズムがあまり存在せず、それに似たものが簡単にプログラムできることである。教育における作業量は、一次近似として、人間の子どもに対するものとほぼ同じであると仮定できる。

こうして、問題は二つの部分に分割された。子どもの心をプログラムすること、そして教育プロセスである。それでもまだこの二つの問題は、非常に密接に関係している。最初の試みで、良好な子ども機械を作り上げられるとは期待できない。そのような機械に教える実験を行って、どれだけ学習がうまくいくかを観察しなくてはならない。次に別の機械を作り上げて試し、良くなったか悪くなったかを判断できる。このようなプロセスと進化との間には、上の図式のような明確な関係が存在する。しかし、このプロセスは進化よりも高速に働くことが期待できるかもしれない。適者生存は、優位性を測定する手法としては低速である。実験者は知恵を働かせることによって、速度を上げられるはずである。同様に重要なのは、実験者が無作為突然変異に制約されていないという事実である。何らかの欠点の原因を突き止めることができれば、その点を改善するような突然変異を思いつくことができるであろう。

子ども機械の構造＝遺伝物質
子ども機械の変更＝突然変異
実験者の判断　　＝自然淘汰（訳注7）

機械に通常の子どもと全く同じ教育プロセスを適用することは、不可能であろう。例えば、機械には脚がなく、石炭バケツに石炭を入れて持ってこさせることはできないかもしれない。機械には目すらない可能性もある。しかし巧妙な工学技術によってこれらの欠陥がどれほど上手に克服できたとしても、他の子どもたちの好奇の目にさらされることなく、機械を学校に行かせることはできないであろう。機械への教育は、個人教授の形をとらなくてはならない。脚や目などにあまり気を取られる必要はない。ヘレン・ケラー女史の例が示すように、何らかの手段によって教師と生徒との間に双方向のコミュニケーションが行えれば、教育を行うことはできるのである。

われわれは通常、賞罰を教育プロセスと関連付けている。シンプルな子ども機械を、この種の原則に基づいて構築またはプログラムすることは可能である。そのような機械は、罰シグナルの直前に起こった事象を繰り返さなくなるように、そして賞シグナルによってそれに先立つ事象が繰り返される確率が増加するように、プログラムされなくてはならない。このように定義することによって、機械の側にいかなる感情の存在も仮定せずに済む。私はそのような子ども機械について多少の実験を行って、いくつかのことを教え込むことに成功したが、その教育手法はあまりに非正統的なものだったので、その実験が真に成功だったとはみなせない。

賞罰の利用は、教育プロセスの一部に過ぎない。大まかに言って、教師が生徒とのコミュニケーションの手段をそれ以外に持たなかったとすると、生徒に届けられる情報量は与えた賞罰の総数を超えることはない。子どもに「カサビアンカ」(訳注8)を暗唱させることを考えてみよう。もしその言葉を見つけるために「二〇の扉」式の手段しかなく、答が「いいえ」であるたびに叩かれるのであれば、生徒は暗唱できるようになるまでに、非常に傷つくことになるであろう。したがって、何か別の「非感情的」なコミュニケーションの経路を持つことが必要となる。それが利用できれば、何らかの言語、例えば記号言語によって与えられる指示に従うよう、賞罰によって機械を教育できるようになる。これらの指示は、「非感情的」な経路を介して送られることになる。このように言語を利用することによって、必要とされる賞罰の数は大幅に減少するであろう。

子ども機械にどれほどの複雑さが適切かという点については、さまざまな意見が存在するであろう。一般原則に忠実に、なるべく単純にしようとする人もいるかもしれない。それとは反対に、論理推論の完全なシステムを「組み込む」(2)人もいるかもしれない。後者の場合、記憶装置の大部分は定義と命題が占めることになるであろう。命題は、さまざまな種類のステータスを持ち得る。例えば、確立した事実、予想、数学的に証明された定理、権威者から与えられた指示、命題の論理形式をしているが信念値が与えられていない表現などである。特定の命題は、「命令」と解釈され得る。機械は、命令が「確立した」ものに分類されるとすぐに適切な行動を自動的に起こすように構築されるべきである。例えば、教師が機械に向かって「いま宿題をやりなさい」と言ったとする。これによって、「教師が「いま宿題をやりなさい」と言った」が確立した事実に含まれることになるであろう。もうひとつ、そのような事実として、「教師が言ったことはすべて真である」があったとする。これらを組み合わせることによって、結果として「いま宿題をやりなさい」という命令が確立した事実に含まれることになり、そしてこれによって、機械がそのように構築されていれば、実際に宿題をやり始めることになるが、この結果は非常に満足のいくものとなる。機械によって用いられる推論のプロセスは、厳密さを重んじる論理学者を満足させるようなものである必要はない。例えば、階層構造としての型が存在しないこともあるだろう。しかしこのことは、階型の誤謬が生じることを必ずしも意味しない。フェンスのない崖から必ず人が落ちるわけではないのと同じことである。「クラスは、それがすでに教師が言及したクラスのサブクラスである場合以外には、使ってはならない」といった適切な命令(システム「内」で表現されるものであり、システム「の」ルールの一部を形成するものではない)は、「あまり断崖の近くに行ってはならない」と同様の効果を持ち得る。

手足を持たない機械によって順守可能な命令は、先ほどの例(宿題をやりなさい)のように、比較的知的な性格のものに限られる。そのような命令の中でも重要なのは、該当する論理システムのルールが適用される順序を規定するものであろう。なぜならば、論理システムを利用する際には、各ステップにおいて非常に多数の選択可能なステップが存在し、そのどれもが、論理システムのルールを順守する限り、適用可能であるためである。これらの選択如何で生まれる違いは、信頼できる推論者かあてにならない推論者かではなく、すばらしい推論者かつまらない推論者かである。この種の命令をもたらす命題には、例えば「ソクラテスが言及された際は、バルバラ式の三段論法(訳注9)を用いること」や「ある手法が他の手法よりも高速であることが証明されている場合、遅いほうの手法を使ってはならない」などがある。これらの中には「権威者から与えられる」ものもあるだろうが、機械自体によって、例えば科学的帰納法によって作り出されるものもあるだろう。

一部の読者には、学習する機械の概念がパラドックスのように思われるかもしれない。どのようにして、機械の動作のルールが変更され得るのであろうか？　機械の履歴がどうあろうと、また機械にどんな変更が加えられたとしても、ルールは機械がどう反応するかを完全に記述したものであるべきである。つまり、ルールは時間がたっても変わらないものなのである。このことは、確かに正しい。このパラドックスを説明すると、学習プロセスにおいて変更されるルールはそれほど大げさなものではなく、その時点のみでの有効性を主張しているに過ぎない、ということになる。アメリカ合衆国憲法になぞらえられるかもしれない。

学習する機械の重要な特徴として、教師は生徒の振舞いをある程度は予測できる一方で、機械内部で実際に起きていることをほとんど何も知らないことが多い。このことは、よく試験された設計（すなわちプログラム）の子ども機械から成長した機械を、後で教育する場合に最もよく当てはまるはずである。これは、機械を利用して計算を行う際の通常の手続きとは明確な対照をなす。その場合の目的は、計算の各段階における機械の状態について、明確な見取り図を心に描くことである。この目的は、試行錯誤によらずに達成することはできない。「機械は、私たちが指示の仕方をわかっていることしかできない」(3)という意見は、これと比較して奇妙に見える。われわれが機械に投入できるプログラムの大部分は、われわれが全く理解できないような結果を引き起こすか、われわれには完全にランダムな振舞いとみなされるものを引き起こすことになる。知的な振舞いは、おそらく計算に必要とされるような完全に型にはまった振舞いから逸脱することによって生まれるが、その逸脱は、ランダムな振舞いや、意味のない無限ループを引き起こしたりはしないような、比較的小さいものなのであろう。教育と学習のプロセスによって、われわれの機械をイミテーション・ゲームに参加させるように準備することから得られるもうひとつの重要な結論は、比較的自然な方法で、つまり特別な「コーチング」なしに、「人間の間違いやすさ」が失われることになりそうだということである(訳注10)。（読者はこのことを、第６節(5)の観点と照合してみるべきである。）学習されたプロセスは、一〇〇パーセント確実な結果を生み出すものではない。もしそうであれば、学び直すということができなくなってしまうであろう。

学習する機械にランダムな要素を取り入れるのは、おそらく賢いことであろう（第４節を参照されたい）。ランダムな要素は、ある種の問題の解を求める際にはかなり有効である。例えば、50から200までの間の数で、各桁の数の和の平方と等しいものを見つけたいとしよう。51から始めて次に52を試し、そのような数が見つかるまで続けていくこともできる。あるいは、そのような数が見つかるまでランダムに数を選ぶこともできる。この手法には、これまでに試した値を覚えておく必要がないという利点があるが、同じ数を再度試してしまうかもしれないという欠点もある。しかし複数個の解が存在する場合には、この欠点はあまり重要ではない。システマティックな手法には、まったく解が存在しないような巨大なブロックを最初に調べなくてはならないかもしれない、という欠点がある。さて、学習プロセスは教師（あるいは、何らかの他の判断基準）を満足させるような行動様式の探求とみなすことができる。満足できる解はおそらく非常に多数存在するため、システマティックな手法よりもランダムな手法のほうが優れているように思われる。これは進化のプロセスと似た形で利用されていることに注目されたい。ただし進化においては、システマティックな手法をとることはできない。すでに試した遺伝的組み合わせを覚えておいて、それを再び試さないようにすることが、どうしてできるだろうか?

あらゆる純粋に知的な領域において、最終的には機械が人間と競い合うようになることが期待できるだろう。しかし、どこから始めるのが最善であろうか?　これ一つとっても判断の難しい問題である。多くの人は、チェスの試合など、非常に抽象的な活動が最善だろうと考えている。また、金に糸目をつけず最良の感覚器官を機械に装備して、英語を理解し話すことを教えるのが最善であると主張することもできる。このプロセスは、子どもに対する通常の教育にならって行うことができるであろう。ものを指さして、その名前を言うようなやり方である。ここでもどれが正解かはわからないが、両方のアプローチを試してみるべきだと私は考える。

われわれはほんの少し先までしか見通すことはできないが、すべきことが山積していることは見て取れるのである。

## 注

(1) ひょっとしたら、このような意見は異端的かもしれない。聖トマス・アクィナス(『神学大全』、バートランド・ラッセルによる引用、Russell 1946: 480)は、神が魂を持たない人間を作ることはできないと述べている。しかしこれは神の力の真の制約ではなく、人間の魂が不滅であり、したがって破壊できないという事実の結果に過ぎないのかもしれない。

(2) あるいは、われわれの子ども機械はデジタルコンピューターにプログラムされることになるため、「プログラムする」と言ったほうがよいかもしれない。しかし、論理システムを学習する必要がない点は同じである。

(3)「しか」という言葉が含まれない、ラヴレース伯爵夫人の言葉と比較されたい。

(訳注1) 単位はbit(ビット)。

(訳注2) 原文はPsalm cv. 5となっているが、実際には104編。聖書の文言は新共同訳より。

(訳注3) シェークスピアのソネットの一節。

(訳注4) チャールズ・ディケンズの小説『ピックウィック・クラブ』の登場人物。

(訳注5) 三段論法で、一部についてしか成り立たない概念を媒介させることにより生じる誤謬。

(訳注6) この論文が書かれる少し前から超心理学の実験は盛んに行われ、ESPの存在を信じる人も多いが、

すべての人を納得させるような結果はいまだに得られていないようである。

（訳注7）原文は等号の左辺と右辺が逆になっていたが、プロセスを左辺に、進化に関する用語を右辺にそろえた。

（訳注8）一九五〇年当時、英米の小学校の教材として使われていた詩。

（訳注9）数十種類の三段論法の推論形式のうち、最も基本的なもの。

（訳注10）原文は is likely to be omitted なのでこう訳すことになるのだが、もしかすると原文に否定辞が抜けているのかもしれない。つまり、この部分を「失われることはなさそうだ」としたほうが前後の文章と意味がうまくつながるように感じられる。

※本論文には、現在の人権意識に照らして不適切とされるような表現や、誤解に基づくと思われる記述が散見されるが、差別を助長する意図で使われていないこと、著者が故人であることを考慮して、原文に忠実に訳出した。

# ゾウはチェスをしない

ロドニー・A・ブルックス

水原 文［訳］

Rodney A. Brooks (1990). Elephants Don't Play Chess, *Robotics and Autonomous Systems* 6 : 3–15 の翻訳。

知能は身体と環境との「物理的」相互作用から創発する（認知科学では時に身体性と呼ばれることがある）という考え方を、具体物としてのロボットの設計論の観点から述べた論文である。著者のブルックスはオーストラリア出身の人工知能・ロボット研究者で、日本でも数多く売られているお掃除ロボット「ルンバ」を製造販売している iRobot 社の共同創始者の一人でもある。

この論文は、第二期人工知能ブームが過ぎ去り、「ＡＩ冬の時代」と呼ばれていた時期に出版された。ブルックスが論文でターゲットとした「敵」は、記号システム仮説に基づいてデザインされている古典的ＡＩである（古典的ＡＩは、ブルックスが活躍していた当時、皮肉的にＧＯＦＡＩ＝Good Old Fashioned AI と呼ばれていた）。古典的ＡＩでは、機能的情報処理モジュールを水平的に（直列的に）組み合わせることによってシステム全体の振舞いを設計するという手法がとられていた。古典的ＡＩにおける移動ロボットの設計を例にとると、まずセンサー等を用いて外界を「知覚」し、その結果に基づいてどのように経路を進むのかを（探索的に）「計画」してから、アクチュエーターに指令を出して「実行」する（実際に動く）、というステップを踏むのが一般的であった。ここで、「知覚」モジュール、「計画」モジュール、「実行」モジュール、それぞれは単体ではロボットの「振舞い」を生成することはない。

これに対して、ブルックスが提唱していた、サブサンプション・アーキテクチャーにおける「モジュール」は、それぞれの「モジュール」が単体で個別の振舞いを生成する（Brooks 1986）。各モジュールは、センサーにもアクチュエーターにもアクセス可能であり、複雑なシステムは、より上位層のモジュールが下位層のモジュールの出力を抑制する形で設計される。たとえば、上位である「うろつき」モジュールが、下位の「障害物回避」モジュールの出力を抑制する形で最終的なロボットの「振舞い」が決定される。こうした設計方法は、計算機パワーが（現在と比べて）貧弱であった当時であっても即応的なロボットを創ることができ魅力的な設計手法であった。

ただし、著者が「汎用的な人間レベルの知能の実現というAIの至高の目標の秘密を解き明かすには、古典的AIと新しいAIのどちらも程遠いように見受けられる……」と述べている点は特筆に値する。

［開　一夫］

人工知能へ至る道には、その旗印のもとで過去三〇数年間に志向されてきた方向性とは異なるものが存在する。伝統的な手法では抽象的な記号操作に重きが置かれ、物理的現実への接地はほとんど無視されてきた。筆者らが目指す研究の方法論は、環境との継続的な物理的相互作用を主要な制約条件として、知能システムの設計を行うことに主眼を置いている。最も成功した古典的な研究にも匹敵する、目覚ましい結果がこの方法論によって得られつつあることを本論文で示す。また、この方針に沿ってはるかに野心的なシステムを生み出す可能性のある、有望な今後の研究についても概説する。

## 1　はじめに

人工知能研究は、漸進主義の海の中で難破している。これまでに示された、接地していない表現の記号操作のテクニックを改善していく以外に、明確な道しるべは誰も持っていない。また、小規模なＡＩ企業は廃業を続けており、国内外の人工知能学会における出席者は減る一方である。多くの大企業でＡＩの利用が成功を収めつつあることは確かではあるが、それは主に、研究コミュニティですでに過去のものとなっている枯れたテクニックの新規領域への適用によるものである。

何がいけなかったのだろうか？（そして、この質問に本書〔*Robotics and Autonomous Systems*, vol. 6, issues 1–2〕はどう答えるのだろうか?!!）

本論文では、**古典的ＡＩ**が基盤とする記号システム仮説には根本的な欠陥があること、またそのために、その仮説が生む子孫の適応度が著しく制約されることを論ずる。さらに、人間レベルの知能のデジタル版に至る妥当な経路が求められたときに、記号システム仮説のドグマには、暗黙のうちにほとんど根拠のない信念の飛躍が数多く入り込むことも論ずる。そのような飛躍によって超えねばならない谷間こそが、古典的ＡＩの研究を阻害しているのである。

しかし一方ではそれに代わる見方あるいはドグマも存在し、**新しいＡＩ**、**根本主義ＡＩ**、あるいはもっと弱い形で**状況依存的活動**など、さまざまな名前で呼ばれている[1]。こちらは物理接地仮説に基づいている。過去三〇年間の志向とは異なる知能システム構築の方法論を提供するものである。伝統的な方法論は、知能を機能的な情報処理モジュールに分解し、それらの組み合わせによって全体的なシステムの振舞いを提供することを基本としている。これに対して新しい方法論は、個別の振舞いを生成するモジュールに知能を分解し、それらの共存と協調によって、より複雑な振舞いを創発させることを基本としている。

古典的ＡＩでは、どのモジュールもそれ自体ではシステム全体の振舞いを生成することはない。実際、システムから何らかの振舞いを引き出すには、数多くのモジュールを組み合わせることが必要となる。システムの能力向上は、個別の機能モジュールを改良することによって行われる。新しいＡＩでは、各モジュールそれ自体が振舞いを生成し、システムの能力向上はシステムに新しいモジュールを追加することによって行われる。

汎用的な人間レベルの知能の実現というＡＩの至高の目標の秘密を解き明かすには、古典的ＡＩと新しいＡＩのどちらも程遠いように見受けられることはさておき、これら二つの手法に対していくつかの比較研究を行ってみよう。

- これらの手法のそれぞれは、認識論的に適切なのか？（そして何に対して適切なのか？）
- これらの手法のそれぞれには、はるかに強力な知能システムへ至る明確な経路が存在するのか？
- 新しいＡＩの信奉者は魔法のように無から何かが生み出されることをロマンティックに期待している一方で、古典的ＡＩの信奉者はごく浅薄な推論を引き出すため、システムにほとんどあらゆることを教え込むこともいとわないのか？

・新しいＡＩの創発特性の主張は、古典的ＡＩにおけるヒューリスティクスの利用と比較して突飛なものなのか？

以下の節では、これらの問題について考察する。

## 2　記号システム仮説

記号システム仮説(Simon 1969)では、知能は記号のシステムを操作するとされている。その陰には、知覚および運動インタフェースは中枢知能システムが操作する記号の集合であるという考えがある。つまり、その中枢システムあるいは推論エンジンは、領域から独立した形で記号を操作していることになる。記号の意味は推論者にとって重要ではないが、そのプロセス全体の一貫性は、そのシステムの観察者が自身の経験の中で、記号の接地を知っているときに創発する。

記号システム仮説から着想を得た研究においては、さらに暗黙のうちに記号が世界中の存在物を表現することが仮定されている。それは個別の物体や特性、概念、欲求、情動、国家、色彩、図書館、あるいは分子であるかもしれないが、必然的に名前のある存在物である。さまざまな結果が、この仮定への関与から生じてくる。

まずはしかし、研究室における実験は別として、知能システムは何らかの形で世界の中に埋め込まれることを思い起こしてほしい。

## 2-1　知覚と記号との間のインタフェース

中枢知能システムは記号を取り扱う。記号は知覚システムによって供給されなければならない。しかし、その知能システムを取り巻く世界の正しい記号的記述とは何だろうか？　明らかに、その記述は課題に依存したものでなければならない。

特に断ることなく、知覚システムは型と名前をもつ個体とそれらの関係によって世界の記述を提供することが仮定されてきた。例えば古典的なサルとバナナの問題においては、箱とバナナ、そして上方という位置関係によって世界が記述される。

しかし別の（例えばバナナが腐っているかどうか判別する）課題においては、大幅に異なる表現が重要となるかもしれない。精神物理学的な証拠（Yarbus 1967）は、知覚が能動的かつ課題依存の操作であることを、鮮明に示している。

記号システム仮説に促され、視覚研究者たちは記号の形で世界の完全な記述を提供する汎用視覚システム（例えばBrooks 1989a）という目標を追い求めることとなった。ごく最近になって、能動視覚（Ballard 1989）への機運が生じている。これは課題への依存度がはるかに高い、あるいは課題によって駆動される視覚システムである（Agre and Chapman 1987）。

## 2-2　シンプルな記号の不適切性

記号システムは、最も純粋な形態では、知り得る客観的な真理を前提とする。大幅な複雑化を行わなければ、カオス的な世界の部分的な眺めからシステムが信念を収集しやすくする様相論理や非単調論理は構築できない。

これらの機能強化を行えば行うほど、これらの形式的体系に基づいた計算の実現はどんどん生物学的に非現実的なものとなっていく。しかし記号システム仮説をいったん採用すると、客観性の追求に伴ってどんどん複雑で扱いづらいシステムへと突き進んでいくことは避けられない。

また客観性の追求は、よく知られたフレーム問題を引き起こすことになり(例えばPylyshyn 1987)、明示的に述べられていないことは一切前提とすることが不可能となる。この問題を回避するための技術的逸脱がいくつか提案されてはいるが、それによってまた別の問題が生じるのは必然である。

## 2-3　記号システムは創発特性に依存する

一般に、推論プロセスはＮＰ完全空間においては些細な問題となる(例えばChapman 1987)。これまで、単純な、算術的に計算できる評価関数すなわち多項式を選んで探索を導くことによって、これらの問題を克服することに多大な努力が払われてきた。苦笑を禁じ得ないことに、記号の海の中でこれらの単純な数値計算を行うことによって、どういうわけか知能が創発することが期待されてきたのである。サミュエルの研究(Samuel 1959)はこのような期待の初期の一例であり、のちになって部分的にしか正しくないことが判明した(彼の学習済み多項式はのちになってピースの数に支配されていることが判明した)。しかし、実際には古典的ＡＩにおけるほとんどすべての探索の実例では、探索空間を扱いやすい範囲に収めるために、そのように都合よく選ばれた多項式が利用されてきたのである。

## 3　物理接地仮説

新しいＡＩは、物理接地仮説に基づく。この仮説では、知能を持つシステムを構築するためにはその表現が物理世界に接地していることが必要であるとされる。この手法に関するわれわれの経験によれば、ひとたびこの仮説を採ると、伝統的な記号的表現の必要性はたちまち完全に消え失せる。重要な所見は、世界はそれ自身の最善のモデルである、というものである。それは常に最新であり、存在し知られるべきあらゆる詳細を常に含んでいる。問題は、それを適切に、そして十分に頻繁に感知することである。

物理接地仮説に基づいたシステムを構築するためには、一連のセンサーとアクチュエーター(作動装置)を介してシステムを世界とつなげることが必要となる。タイプされた入力や出力は、もはや興味の対象ではない。それらは物理的に接地していないからである。

研究の基本として物理接地仮説を受け入れることとは、システムをボトムアップ方式で構築することを意味する。高レベルの抽象概念は、具体化されなくてはならない。構築されたシステムは、最終的にはすべての目標と欲求を物理的活動として表現しなければならず、またすべての知識を物理センサーから抽出しなければならない。つまり、システム設計者はすべてを明示することを強いられる。近道をするたびに、システムの能力に直接的な影響が生じる。入出力表現にあいまいさが存在しないためである。低レベルインタフェースの形態は、システム全体に波及する影響を引き起こす。

## 3-1 進化

知的存在物の可能性については、すでに人類という存在証明がある。さらに多くの動物が、程度の差こそあれ知能を持っている。（これは激しい論争の的であるが、その多くは実際には知能の定義に関するものである。）動物たちは、四六億年という地球の歴史の中で進化を続けてきた。

地球上での生物学的進化が時間とともにどのように生じたのか、考えてみることは有益であろう。約三五億年前、単細胞生物が原始スープから発生した。その一〇億年後、光合成植物が現れた。さらに一五億年ほどたって、(訳注1)今から約五億五〇〇〇万年前に最初の魚類つまり最初の脊椎動物が生まれ、次いで四億五〇〇〇万年前に昆虫が誕生した。その後、進化は加速した。爬虫類は三億七〇〇〇万年前に誕生し、続いて恐竜が三億三〇〇〇万年前、哺乳類が二億五〇〇〇万年前に生まれた。最初の霊長類は一億二〇〇〇万年前に登場し、大型類人猿の直接の祖先が現れたのはたった一八〇〇万年前である。ほぼ現在の形に近い人類が登場したのは二五〇万年前。農業の発明はたった一万九〇〇〇年前、文字は五〇〇〇年前よりも後、「専門」知識は数百年前になってやっと発達したものである。

このことは、存在と反応の本質さえ達成されれば、問題解決行動、言語、専門知識とその応用、そして推論といった事柄はすべて比較的シンプルであることを示唆している。その本質とは、動的環境において動き回り、必要とされる生命維持と繁殖を達成するために十分な程度に周囲を感知する能力である。知能のこの部分に進化が時間の大半を費やしてきたのは、それがとても困難だからである。これが、動物というシステムの物理的に接地している部分である。

これとは別の議論として、記号と表現が生まれてから進化がかなり急速になったという事実がある。つまり記号は重要な発明であり、ＡＩ研究者は進化初期の苦難は避けて、すぐに記号に取りかかればよい、というものである。しかしこの議論には、重要な点が欠けていると筆者は考える。それは物理的に接地しているロボットに対して、記号に基づく移動ロボットの性能が相対的に低いことによって示されているとおりである。注意深く構築された物理接地なしでは、どんな記号表現もそのセンサーやアクチュエーターとミスマッチを生じるであろう。これらの接地が、記号が真に有用となるために必要な制約を記号に課すのである。

モラヴェックは、移動力、鋭敏な視覚、そして動的な環境において生存関連課題を遂行する能力が真の知能の発展に必要な基礎を提供することを、かなり雄弁に論じている（Moravec 1984）。

## 3-2　サブサンプション・アーキテクチャー

物理的に接地したシステムの構築を目指して、筆者らはサブサンプション・アーキテクチャーとして知られる計算アーキテクチャーを開発した。これによって知覚を活動と緊密に結び付け、ロボットを具体的に世界へ埋め込むことが可能となる。

サブサンプション・プログラムは一連の漸進的レイヤーに構成された計算基盤上に構築され、各レイヤーが通常は知覚と活動を結び付ける。筆者らの例では、計算基盤はタイミング要素によって拡張された有限状態マシンのネットワークである。

サブサンプション・アーキテクチャーは最初に一九八六年の論文(Brooks 1986)において記述され、その後、修正された(Brooks 1989b, Connell 1989)。サブサンプション・コンパイラーは拡張有限状態マシン(ＡＦＳＭ)の記述を、並列処理をシミュレートする特殊用途スケジューラーおよび有限状態マシンのシミュレーションルーチンのセットにコンパイルする。これは動的に再ターゲット可能なコンパイラーであり、モトローラ６８０００、モトローラ６８ＨＣ１１、および日立６３０１といった数種類のプロセッサーに対応したバックエンドを有している。サブサンプション・コンパイラーは入力としてソースファイルを取り込み、出力としてアセンブリ言語プログラムを作成する。

振舞い言語はチャップマン(Chapman 1987)に着想を得て、複数のＡＦＳＭをより扱いやすいユニットにグループ化し、ユニット全体を選択的に起動・停止する機能を付け加えたものである。実際にはＡＦＳＭが直接指定されるのではなく、一対一にＡＦＳＭへとコンパイルされるリアルタイム規則の規則セットが指定される。振舞いコンパイラーはマシンに依存せず、サブサンプションＡＦＳＭ仕様の中間ファイルを出力する。次にサブサンプション・コンパイラーを利用して、さまざまなターゲットへのコンパイルが行える。この振舞い言語を新しいサブサンプションと呼ぶことがある。

### 3-2-1　古いサブサンプション言語

拡張有限状態マシン(ＡＦＳＭ)はそれぞれ、レジスターのセットと、タイマーまたはアラームクロックのセットを持ち、それらは通常の有限状態マシンに接続されている。有限状態マシンは、レジスターから値を供給される組み合わせネットワークを制御できる。レジスターは、それに入力配線を取り付け別のマシンからメッセージを送信することによって書き込み可能である。メッセージがレジスターへ書き込まれる際には、既存の内容は上書きされる。内部有限状態マシンの状態の変化は、メッセージの到着、またはタイマーの作動によって引き起こされ得る。有限状態マシンの特定の状態では、何らかのイベントを待ち受けること、レジスターに関する何らかの組み合わせ述語に基づいて別の二つの状態の一方へ条件的に遷移すること、あるいはレジスターの組み合わせ関数を計算しその結果を一つのレジスターに書き戻すか拡張有限状態マシンの出力とすること、のいずれかが可能である。一部のＡＦＳＭは、直接ロボットのハードウェアに接続されている。センサーはその値を特定のレジスターに書き込み、特定の出力はアクチュエーターへコマンドとして送られる。

そのようなマシンからなる一連のレイヤーは、新たなマシンを追加しさまざまな形で既存のネットワークにつなぎこむことによって拡張できる。新たな入力を、それまでは定数を保持していたかもしれない既存のレジスターにつなぐことができる。新しいマシンは、既存の配線にサイドタップとして取り付けることによって、既存の出力を禁止したり、既存の入力を抑制したりすることができる。禁止サイドタップにメッセージが到着すると、どんなメッセージもある短い時間だけその既存の配線を通過できなくなる。禁止状態を続けるには、その新しい配線にメッセージが継続的に流れていなくてはならない。（サブサンプション・アーキテクチャーの以前のバージョン（Brooks 1986）では、単発メッセージによる禁止または抑制のため明示的に長い時間が指定されなくてはならなかった。最近の研究

(Connell 1989)で、この改良された手法が提案されている。) 抑制サイドタップにメッセージが到着すると、やはりどんなメッセージもある短い時間だけ供給源からの流入が禁止されるが、抑制メッセージはゲートを通過し供給源から到着したメッセージであるかのようになりすます。サイドタップ配線を制御し続けるには、抑制メッセージが継続的に供給されることが必要である。

禁止および抑制は、異なるレイヤーからのアクチュエーターコマンド間の競合解決を行うメカニズムである。この定義によるサブサンプション・アーキテクチャーにおいては、複数のAFSMで状態を共有することは許されず、また特に各AFSMは自分自身のレジスターとアラームクロックを完全にカプセル化していることに注意されたい。

サブサンプション・システムにおけるすべてのクロックは、ほぼ同一のティック周期を持つ(筆者らのロボットのほとんどでは〇・〇四秒)。しかし、クロックおよびメッセージはすべて非同期である。配線を通してメッセージを送信できる最速レートは、クロックティックあたり一個である。禁止と抑制が行われる時間は、両方とも二クロックティックである。つまり、サイドタップ配線に最大レートでメッセージを送信すると、それが取り付けられた配線を制御し続けることができる。このレートを、特定のサブサンプション・アーキテクチャーの実装の特性周波数と呼んでいる。

### 3-2-2 新しいサブサンプション言語

振舞い言語は、複数のプロセス(通常はそれぞれ単一のAFSMとして実装されることになる)を、振舞いにグループ化する。振舞い内部のプロセス間ではメッセージのやり取り、抑制、および禁止が可能であり、振舞い間のメッセージのやり取り、抑制、および禁止も可能である。振舞いは抽象障壁として機能し、ある振舞いが別の振舞いの内部に立ち入ることはできない。

振舞い内部の各プロセスはAFSMとよく似ており、実際に筆者らの振舞い言語のコンパイラーはそれらをAFSMに変換する。しかし、プロセスはレジスターを共有できるよう一般化されている。新たに導入されたモノステーブル(訳注2)機構は、元のアラームクロックよりも多少一般的なタイミングメカニズムを提供する。モノステーブルは再トリガー可能であり、同一の振舞い内部の複数のプロセス間で共有可能である。

## 4　物理的に接地したシステムの例

この節では、これまでにサブサンプション・アーキテクチャーを用いて構築され成功を収めたロボットをいくつか取り上げ、そこにこのアーキテクチャーがどのように利用あるいは具体化されているのかを説明する。すべてのロボットの集合写真を**図1**に示す。大部分のロボットは、古いサブサンプション言語によってプログラムされている。トトとシーモアは、新しい振舞い言語を採用している。

これらのロボットについて特筆すべき点は、目的志向のように見える振舞いを、より単純な非目的志向の振舞いの相互作用から創発させる方法である。

**図1** MITの移動ロボット．後列左から右へアレン，ハーバート，シーモア，トト．前列はチトー，チンギス，スクワート（非常に小さい），トムとジェリー，そしてラブナフ（訳注3）である．

## 4-1 アレン

アレンは筆者らの最初のロボットであり、ソナーによる測距センサーと走行記録機能を本体に搭載し、外部のＬＩＳＰマシンを利用してサブサンプション・アーキテクチャーをシミュレートしている。一九八六年の論文では、サブサンプション・アーキテクチャーによって実装された三層の制御レイヤーについて説明している（Brooks 1986）。

第一のレイヤーは、ロボットを静的および動的な障害物から回避させるものである。普段アレンは部屋の真ん中でじっとしているが、何かが近づくと、衝突を避けながら走り去る。ここでは、各ソナーの返す値が距離の二乗に反比例して減少する反発力として表現される内部表現が用いられている。この反発力のベクトル和が適当な閾値を超えると、ロボットに移動すべき方向が指示される。さらに、ロボットの正面に何かが存在し、そのときロボットが（その場で向きを変えているのではなく）前進している場合には、反射の振舞いによってロボットは停止する。

第二のレイヤーは、ロボットをランダムに動き回らせるものである。およそ一〇秒ごとに、ランダムな方向へ向かう欲求が生成される。その欲求は、ベクトル加算によって障害物を回避する反射の振舞いと結合される。この和ベクトルは、より原始的な障害物回避ベクトルを抑制するが、障害物回避の振舞いは新しいレイヤーに服属した低レベルの反発力として引き続き作用する。また、低レベルの停止反射は変わることなく自律的に作用する。

第三のレイヤーは、(ソナーによって)ロボットに遠くの場所を探させ、そこへ向かっていこうとさせるものである。このレイヤーでは、走行記録機能によって進捗が監視され、望まれる針路が生成されるが、この針路はうろつきレイヤーが望む方向を抑制する。次にこの望まれる針路が、本能的な障害物回避レイヤーとベクトル加算される。したがって、この物理ロボットは上位レイヤーの望みにただ忠実に従うわけではない。上位レイヤーは、下位レイヤーで実際に何が起こっているのかを理解し、修正信号を送出するために、走行記録機能を通して世界で何が起こっているのかを把握しなくてはならない。

一九八六年の別の論文では、ロボット・アレンの右記とは異なるレイヤーのセットについて説明している(Brooks and Connell 1986)。

## 4-2　トムとジェリー

トムとジェリーは二台の同一のロボットであり、サブサンプション・アーキテクチャーをサポートするために必要とされる実質的な計算量の少なさを実証するために構築された(Connell 1987)。三層のサブサンプション・プログラムが実装されているが、すべてのデータパスはわずか一ビット幅であり、プログラム全体は二五六ゲートのPALチップ(訳注4)一個に収まっている。トムとジェリーは物理的にはおもちゃの車であり、一ビットの赤外線近接センサーが前部に三個、後部に一個搭載されている。センサーはそれぞれ、特定の距離に反応するよう調整されている。前部中央のセンサーは、わずかに外側へ向けられた両側の二つのセンサーよりも、はるかに近い物体のみに反応する。

トムとジェリーの最下位レイヤーには、標準的な一対の第一レベルの振舞いが実装されている。これらは、障害物からの反発力のベクトル和を利用して回避の振舞いを行い、あるいは前方のあまりに近い距離に何かがあることを前部中央の注視センサーが検出すると停止反射を引き起こすものである。トムとジェリーに特有の事情として、センサーの検出距離に比べてロボットが高速であるため、サブサンプション・アーキテクチャーを利用して動的ブレーキ方式を実装する必要があった。トムとジェリーの第二レイヤーは、元となったアレンの第二レイヤーとほぼ同じであり、うろつき欲求が引力として実装され、障害物からの反発力と加算される。第三レイヤーは前部の三つのセンサーを使って動く物体を検出し、次に説明するような振舞いを作成する。何かが検出されると、ロボットはそれに引き寄せられ、それに向かって動く。しかし、それとは相反する下位レベルの振舞いによって、ロボットは実際に目標に達することなく停止する。ロボットが目標を追跡している間は、うろつきの振舞いは抑制される。

トムとジェリーが実証しているのは、互いを知ることのない独立した振舞いの結合という概念である(多少の距離を保ちながら、障害物を追跡する)。またトムとジェリーは、サブサンプション・アーキテクチャーがゲートレベルに(手作業で)コンパイルできること、そしてわずか数百ヘルツのクロック速度で動作できることも実証している。

## 4-3　ハーバート

ハーバートは、はるかに野心的なロボットである(Brooks, Connell, and Ning 1988)。二四プロセッサーの分散型疎結合のオンボードコンピューターが、サブサンプション・アーキテクチャーを実行する。これらのプロセッサーは低速のCMOS八ビットマイクロプロセッサー(消費電力が低いという、バッテリー駆動のロボットにとって重要な特徴がある)であり、低速のシリアルインタフェース(一インタフェースあたり一秒に二四ビット幅のパケット一〇個まで)のみによる通信が可能である。ハーバートに搭載されたAFSM間の相互接続は、本物の銅線により物理的に実現されている。

ハーバートには、局所的な障害物回避を行うための三〇個の赤外線近接センサー、多数のシンプルなセンサーがハンドに取り付けられたオンボードマニピュレーター、そして約一二フィートの範囲でロボット正面の六〇度幅の三次元奥行きデータを取得可能なレーザー光ストライピングシステムが搭載されている。幅二五六ピクセル、高さ三二ピクセルの奥行き画像が一秒ごとに取得される。専用の分散型サーペンタインメモリーにより、オンボードの八ビットプロセッサーのうち四台が、それぞれ各データピクセルに約三〇個のインストラクションを実行可能である。プロセッサーを鎖状に結合することにより、非常に高性能な視覚アルゴリズムが実装できる。

カネルは、オフィスエリアを動き回り、個人のオフィスに入り込んで机から空のソーダ缶を盗んでくるようにハーバートをプログラムした(Connell 1989)。実現されているのは、障害物回避と壁伝いの移動、ソーダ缶類似物体のリアルタイム認識、そしてロボット正面のソーダ缶を物理的に探索し、位置を特定し、ピックアップするようにアームを駆動する一五の振舞いのセットである(Connell 1988)。ハーバートは、世界をそれ自身の最良のモデルとして、また通信媒体として利用する実例を数多く示している。ハーバートに関して特筆すべき点は、どの振舞い生成モジュールの間でも内部通信が全く行われないことである。各モジュールには入力側にセンサーが接続され、出力側には調停ネットワークが接続されている。この調停ネットワークが、アクチュエーターを駆動する。

レーザーを用いたソーダ缶物体ファインダーは、ロボットのアームがソーダ缶の正面に来るようにロボットを駆動する。しかしアームのコントローラーに、ソーダ缶をピックアップする準備ができたことは通知しない。そうではなく、アームの振舞いが車輪上のシャフトエンコーダーを監視して、ロボット本体が移動していないと判断すると、アームの動きを開始するのである。それによって次々に他の振舞いが起動され、最終的にロボットがソーダ缶をピックアップすることになる。

この手法の利点は、次に起こることに関して内部的な期待を設定する必要がないことである。このため、制御システムは(1)予期しない状況が発生したときでも自然に適応でき、また(2)状況が変化した際、例えば何か別の物体が衝突進路をとって近づいてきたときにも、容易に対処できる。

アームの振舞いによって他の振舞いが連鎖的に起動される一例として、実際にソーダ缶を握ることを考えてみよう。ハンドには、指と指の間の赤外線ビームが何かにさえぎられたときに作動する把握反射が実装されている。アームが局所センサーによってソーダ缶の位置を特定すると、アームは単純に、二本の指が缶の両側に来るようにハンドを駆動する。そしてハンドは、それとは独立して缶を握る。このように動作する場合、人間がソーダ缶をロボットに手渡すことも可能である。ソーダ缶が意図的に握られたか、魔法のように現れたかにかかわらず、缶が握られるとすぐにアームは引き込まれる。このような振舞い間の適応性によって、アームはさまざまに散らかった机にも自動的に対応して、ソーダ缶の発見に成功するのである。

## 4-4 チンギス

チンギスはサブサンプション制御に従って歩行する重量一キログラムの六脚ロボットであり、高度に分散化された制御システムを有している(Brooks 1989b)。このロボットは一二個のモーター、一二個の力センサー、六個の焦電センサー、一個の傾斜センサー、二本の触角を利用して、起伏のある地形上をうまく歩行することができる。また焦電センサーを利用して、先導する人間を追尾できる。

複数のサブサンプション・レイヤーが順次、以下のことを可能としている。ロボットを立ち上がらせること、センシングなしで歩行すること、力測定を用いて起伏のある地形に対応すること、力測定を用いて障害物の上に脚を持ち上げること、傾斜センサーによる測定を利用して起伏のある地形への対応を適宜選択的に禁止すること、触角を利用して障害物の上に足を持ち上げること、受動赤外線センサーを利用して人を検知し、人が存在する場合だけ歩行すること、そして赤外線放射の指向性を利用して特定の脚のセットのバックスイングを調整し、移動する放射源を追尾することである。

これに対して、並進および方位空間におけるロボットの形態をモデル化した中央リポジトリを持つ制御システムを想像することもできるかもしれない。さらに、ロボットの座標の更新を行う高位コマンド(例えば経路プランナーからの)を想像することもできるかもしれない。このような高レベルのコマンドが、階層を順次たどって個別の脚への指令へと解決されるというわけである。

チンギスの制御システムには、そのようなリポジトリは存在しない。実際には、個別の脚の中央リポジトリすら存在しないのである。足ごとに存在するモーターは、ネットワークの異なる部分で完全に独立して制御される。各モーターには中央制御システムを思わせるものがないこともないが、これらのコントローラーはネットワークの異なる部分からメッセージを受信し、それらを統合することなく、そのままモーターに渡すのである。

また筆者らの制御システムは、非常に容易に構築できる。漸進的に構築されるため、新たな能力を付け加えるには単純に新しいネットワーク構造を(既存のネットワークの削除や変更なしに)追加するだけでよい。デバッグ済みの既存のネットワーク構造が変更されることは一切ない。

このように構築された制御システムは、美しくシンプルである。座標変換や運動モデルなどは取り扱わない。階層性は全くない。センサーからアクチュエーターへ、数多くの非常に緊密な結合を行うことによって、歩行を直に実装しているのである。本質的に高度に分散化されているため、起伏のある地形が頑健に取り扱えることは、この分散形式の制御のたまものであると考えている。

現在、新バージョンのチンギス(Angle 1989b)〔アッティラ〕を構築中であり、これは登坂能力が大いに強化され、毎時三キロメートルほどの速度でよじ登りが可能になる予定である。脚の自由度はそれぞれ三であり、耐力梁上に三つの力センサーが取り付けられている。ＲＡＭとＥＥＰＲＯＭを搭載したシングルチップのマイクロプロセッサーによって、脚全体のサーボ制御が容易に行える。最終的なロボットの全体質量は一・六キログラムとなる予定である。アッティラには、約三〇分の活発な歩行を可能とするバッテリーが搭載される予定である。バッテリーが尽きた後は、地球上の太陽光で四時間半ほどかけて太陽電池から充電しなくてはならない。

## 4-5 スクワート

スクワートは、筆者らが構築した最も小さなロボットである(Flynn, Brooks, Wells, and Barrett 1989)。重量は約五〇グラム、体積は約四分の五立方インチである。

スクワートには、八ビットのコンピューター、オンボード電源、三つのセンサー、そして推進システムが組み込まれている。通常の動作モードでは「虫」として行動し、暗い片隅に隠れていて、音がした後しばらくたってからその音の方向へ出て行き、さっき音が聞こえてきた場所の近くに新しい隠れ場所を探す。

スクワートの最も興味深い特徴は、このような高レベルの振舞いが、世界とのシンプルな相互作用のセットから創発していることである。

スクワートの最下位の振舞いは光センサーを監視し、暗闇を求めてらせん状のパターンでスクワートを動き回らせる。このらせん状の軌跡は、前進運動と後進回転運動とを組み合わせることによって作り出され、一個のモーターだけを使用して実装されている。それを可能としているのは、後軸の単方向クラッチである。スクワートは暗い場所を見つけると、そこで停止する。

スクワートの第二レベルの振舞いは、暗い隠れ場所を確保した後で起動される。この振舞いは二つのマイクロフォンを監視し、各マイクロフォンに音が到着する時間差を計測する。この時間差から、音の聞こえてきた方向が特定できる。次にスクワートは、鋭い音の後に数分間の沈黙が続くパターンを待ち受ける。このパターンが認識されると、スクワートは暗闇にとどまりたいという欲求を抑制して、最後に音の聞こえた方向へ出ていく。この弾道的な直線運動がタイムアウトした後は、下位レベルはもはや抑制されず、光センサーが再び認識される。光があれば、らせん状のパターンが再び起動される。その結果として、スクワートは作用の中心へ引き寄せられていくことになる。スクワートのコンパイルされた制御システム全体は、オンボードマイクロプロセッサー上の一三〇〇バイトのコード領域に収まっている。

## 4-6 トト

トトは、新しい振舞い言語で完全にプログラムされた、筆者らの最初のロボットである(Mataric 1989)。トトにはセンサーとして、放射状に配置された一二個のソナーと、フラックスゲート方式のコンパスが装備されている。

一見、サブサンプション・アーキテクチャーでは地図のような従来型アイテムは取り扱えないように思えるかもしれない。サブサンプション・アーキテクチャーにはデータ構造は存在せず、単純な数値以上のものを扱える中央リポジトリを簡単に実現することもできない。しかしトトを用いた筆者らの研究によって、これらが地図の構築と利用に関して重大な制約とはならないことが実証された。

トトには、基本機能を頑健に実行し続けるための低レベル反応システムが搭載されている。トトは、下位レベルの振舞いによって衝突を回避しながら動き回り、まるで明確に世界を探索しているかのように壁や廊下を伝うことができる。中間レベルの振舞いのセットは、壁や廊下やごみの山など、特定の種類の目印を認識しようと試みる。これとは別のネットワークが各レイヤーとも同一の振舞い要素から構成され、新たな目印が認識されるのを待ち受けている。新たな目印が認識されるたびに、ある振舞いがその特定の目印の「場所」として割り当てられる。複数の振舞いが物理的に隣接した目印に対応していれば、それらの間の近隣関係リンクが活性化される。このようにしてグラフ構造が形成されるが、そのノードは静的なデータ構造ではなく、アクティブな計算要素である。（実際には、各ノードは拡張有限状態マシンの形をした計算要素の完全な集合体である。）

ロボットが環境を動き回るに伴って、これらのノードはロボットが今どこにいるのかを把握しようとする。ノードは、ロボットの現在位置にそのノード自身が対応していると判断した場合、より活性化する。このようにしてロボットは地図と、地図上の位置の感覚を、完全に分散化された計算モデルにもかかわらず、持つことになる。

ある振舞い（例えば「ある場所へ行く」）が活性化されると（ロボット上のプッシュボタンが並んだ小さなパネルによって）、活性化メカニズムの拡散が行われ、目的地から近隣リンクをたどって拡散していく。このプロセスは連続的なものであり、地図から期待される場所に到達するたびにロボットに通知が行われる。

マタリックの実験的な結果では、ネットワークに新たなピースを付け加えることによって、ロボットの性能が漸進的に向上できることが示されている（Mataric 1990）。最初に地図の構築と経路プランニングが、最終的な実装よりも少ない種類の振舞いによって実証された。次に、一時的に生成された文脈に基づく、期待の概念が追加された。これによってロボットは、迷子になった状態に対応でき、その後、地図の中の新しい場所に自分自身を位置づけることができるようになった。次に、コンパス方位の時間積分に基づく、おおまかな位置推定方式が追加された。これによって、より複雑な環境における地図構築と地図利用のあいまいさが大幅に低下し、ロボットの全体的な能力が強化された。これらすべての場合において、単純に新たな振舞いをネットワークへ追加することによって、地図の構築と利用の性能が向上しているのである。

またこの研究は、完全に分散化された手法によって、大域的に一貫した地図が構築でき、創発させられることも示している。筆者らの実験においては、任意の地点を指し示す能力も、その他の伝統的なデータ構造テクニックも持たない、非同期的な独立したエージェントの集まりによって地図が構築されている。この方式では、経路プランニングに大域的な経路という概念は存在しない。局所的な情報の組み合わせがロボットを導き、世界との相互作用のダイナミクスを通して、望む場所へたどり着かせるのである。全体として、これらの側面はこのテクニックがうまく拡張できることを実証している。

ナビゲーションや障害物回避、経路プランニングのダイナミクスと、地図を統合するのは容易であった。時間を独自の表現として利用できるため、この地図表現にはダイナミクスの時間的側面を統合する能力が自然に備わっているのである！

トトのために開発された場所地図の概念は、ネズミの海馬に観察されたものと、驚くほど似通っている(Eichenbaum, Wiener, Shapiro, and Cohen 1989)。

## 4-7　シーモア

シーモアは構築中の新しいロボットであり、すべてオンボードの処理によって九台の低解像度カメラの視覚処理を毎秒約一〇フレームの速度でサポートする(Brooks and Flynn 1989)。カメラ画像は異なるサブサンプション・レイヤーに供給され、各レイヤーはそこで認知される世界の側面に従って行動する。シーモアも、新しい振舞い言語でプログラムされている。シーモアのために開発された視覚に基づく振舞いの多くは、それに先行するロボット上で試作されたものである。

ホースウィルと筆者(Horswill and Brooks 1988)によるサブサンプション・プログラムは、二つの単純で確実性の低い視覚処理ルーチンを制御して、確実性の高い振舞いを作り出し、移動する物体を視覚を用いて追尾する。ひとつの視覚プロセスが、一個の移動する斑点を追跡する。そのプロセスは、移動が検出された場所を斑点の画像にオーバーレイする別のプロセスによってブートストラップされる。そしてロボットは、画像座標系内で選択された斑点が一定の場所にとどまるように、サーボ制御を試みる。斑点追跡プロセスは、追跡している斑点をしばしば見失う。移動検出プロセスは、特にロボットが移動している場合、多くのノイズを発生する。しかし、これら二つを組み合わせ、どちらかが失敗した場合には別の視覚ルーチンに切り替えることにより、確実にロボットは移動する物体を追尾する(動く物体はどんなものであってもよく、筆者らはこれまでに、ひもで引きずられる黒いゴミ箱、青い床の上のラジコン制御の青いおもちゃの車、ピンク色のプラスチック製のフラミンゴ、灰色のカーペットが敷かれた床の上の灰色のノート、そして手であちこちに動かされるマグカップを、ロボットが追跡するところを見てきた)。識別可能な物体の概念はサブサンプション・プログラム内部のどこにも存在しないが、外部の観察者からは確かにそれが移動する物体を非常にうまく追尾しているように見える。

サラシークはロボット・チトーを利用して、シーモアのサポートに用いられるであろう二つの視覚誘導の振舞いを実証している(Sarachik 1989)。各振舞いは一対の立体視リニアカメラを利用する。垂直に取り付けられた一対のカメラは、基台の回転運動を利用して、たとえカメラシステムが較正されていなくても、部屋の大きさを抽出できるような画像を生成する。次に先行研究(Brooks, Flynn, and Marill 1987)の成果を用いて、このロボットは前進移動を利用して水平に取り付けられた一対のカメラを較正する。このカメラは、ロボットが通り抜けられる出入り口を見つけるために利用される。

ヴィオラは、プラットフォームの動きにかかわらず凝視を続けることのできる、自律的な眼球を実証した(Viola 1989)。この論文では、カメラを保持するジャイロスコープ制御の移動可能プラットフォームのために低速な較正システムとして視覚を利用することによって、霊長類の視覚前庭系を再現している。

## 4-8　ブヨロボット

サブサンプション・アーキテクチャーの利用・開発においては常に、単純さを保つことに留意し、それに書き込まれるプログラムが容易に、また機械的にシリコンにコンパイルできるようにしてきた。例えばトトでは、基盤となる有限状態マシンを接続する線長の合計が有限状態マシン数の一次関数以下に収まるよう、地図ネットワークが配置されている。一般的に言って、筆者らの構築したロボットに必要とされるシリコンの面積は非常に小さい。このような制約を行っていることには、以下のような理由がある。

フリンは、ＶＬＳＩ製造ライン上のシリコンから完全な小型のロボットを構築するアイディアを提示した(Flynn 1987, 1988)。筆者は、そのようなロボットを制御するためにサブサンプション・アーキテクチャーを利用する方法を例示した(Brooks 1987)。そのようなロボットを、これまで費用対効果の面からロボットの応用が全く考慮されてこなかった用途に利用していくことには、大きな可能性がある。例えば自宅のテレビ画面上に、画面をきれいに保つことだけを存在目的とし、電子ビームからエネルギーを吸収する超小型のロボットのコロニーを住まわせることを想像されたい。微小機械システムの革命が、マイクロプロセッサーの登場により日常生活にもたらされた静かな革命と同種の衝撃を与える可能性は十分にある。

フリンらは、材料、薄膜圧電材料を利用した新たなタイプのマイクロモーター、３Ｄ製造プロセス、そしていくつかの新しいタイプの統合型センサーなどについて、そのようなロボットを構築するために必要とされる一連の技術的課題の概要を説明している(Flynn, Brooks, and Tavrow 1989)。この企てを成功させるために不可欠なのは、構造化されていない不確実な環境中でも知的な振舞いができるように、ロボットを制御する簡単な方法である。

## 5　成功の評価基準

筆者らがロボットの知的制御システムの構築に利用したテクニックについて講演すると、きまって以下のような質問や主張をしてくる人がいる。

- 「もし私があなたのロボットの環境に「かくかくしかじか」の変更を加えたら、ロボットは間違った動作をするようになるでしょうな。」
- 「このようなシステムをデバッグするのは、ほとんど不可能なんじゃありませんか？」
- 「これはXの規模まで拡張できないに違いない。」このXは講演では触れられていなかった値である。

次の三つの項で、これらの質問が容易に回答できる、あるいは深い意味で問うことが不適当なものであることを論証する。

### 5-1　難問病

伝統的な人工知能の研究は、ほとんど世界に接地することのない知性の孤立したモジュールに集中してきたため、研究の成功を判定する何らかの基準を開発することが重要とされてきた。最も人気のある考え方のひとつが一般性である。それはすぐに、筆者が「難問病」と呼んでいる病気を引き起こす。一般性を示すため、その領域の中で最も難解な例を取り上げて、システムがそれを取り扱えたり解決できたりすることを実証することである。

しかし、物理接地システムでは、このアプローチは非生産的であると筆者は信じている。投げかけられる難問は、実際にはほとんどありそうにないものであることが多く、それを解決するためのシステムははるかに複雑なものとなる。これによって、システムの全体的な頑健性は低下してしまうのである！　取り組む難問は、物理接地の文脈に自然に生じ得るものでなくてはならない。このことが、筆者らの物理接地を持つシステムを強力なものとしているのである。

この話題に関してもうひとつ付け加えると、大部分のＡＩプログラムでは、何らかの種類の表現言語によって、作成者がプログラムに事実を教え込むことになる。白い帽子をかぶった男たちが廊下を歩いている光景が、いつの日か同一の表現を用いた世界モデルを提供すると仮定されているのである。物理接地システムに関する多くの難問病患者たちの失敗は、ハードルが上がるに従って知覚が失敗することに起因する。標準的なＡＩプログラムは、このような問題に直面したことがないのである。

## 5-2　デバッグ

筆者らの経験では、物理接地システムの制御に用いられるサブサンプション・プログラムのデバッグが、大きな失望や困難を引き起こしたことはなかった。これは、特別に役立つデバッグツールのおかげでもなければ、サブサンプション・アーキテクチャーの本質的な優位性によるものでもない。

むしろその理由は、（繰り返し述べているように）世界がそれ自身の最良のモデルであるためだと信じている。現実世界で物理接地システムを動作させれば、それがどのように相互作用しているかは一目瞭然である。まさに目の前で起こっていることだからである。システムと世界との間の相互作用のダイナミクスを見誤らせるような、抽象化レイヤーは存在しない。これが、物理接地システムのエレガントな点である。

## 5-3　しかしXはできないじゃないか

「しかしXはできないじゃないか」という言明には、実際に口にされるかどうかはさておき、このアプローチではうまく行かないことがたくさんあるのだから記号システム仮説に立ち戻るべきだという含みが存在する。

しかしこれは、単なるほのめかしであったとしても、間違った議論である。医療用エキスパートシステムや類推プログラムが、本物の山に登ることができないと文句を言う人は、普通いない。これらの専門領域がかなり限定されたものであり、また設計者が注意深く選択した明確に区切られた領域内でこれらが動作していることは、明らかである。同様に、ゾウがチェスをしないというだけの理由で、ゾウには研究に値する知性がないと主張することは不公平である。

しかし、物理接地システムの研究者たちは、最終的には全ての問題は解決すると主張しているように思われる。例えば、本論文のような論文では、まさにその理由からこれが興味深いアプローチであると主張しているのである。どうすればこれらの主張が両立できるのであろうか?

記号システム仮説の信奉者たちと同様に、筆者らは知性の根本をなす原則を発見したと信じている。

しかし記号システム信奉者たちが漸進的に目標へ向かって進んでいくことが許されているのと同じように、物理接地の信奉者たちもそれが許されるべきなのである。すべての問題への解決策は、いまだ明らかではない。われわれは時間をかけて、物理接地仮説の観点から特定領域のニーズを分析し、前進を遂げるためにはどのような新しい構造や抽象化が作り出されなくてはならないのか、見極めなくてはならないのである。

## 6 将来的な制約

サイモンは、自らの記号システム仮説に関して以下のように指摘している(Simon 1969)。

この仮説が経験的なものであり、エビデンスに基づいて真偽を判定されるべきものであることは明らかである。

もちろん、これと同じことは物理接地仮説についても言える。

筆者らの現在の戦略は、世界の中でより多くのことができる、より独立したロボットを構築することによって、物理接地仮説の制約をテストするというものである。筆者らは、記号システム仮説の下で研究を行う人々の選ぶものとは異なった順番で、人間の能力のさまざまな側面に取り組んでいる。そのため、相対的な成功の度合いを比較することは困難であることも多い。それに続く筆者らの次の戦略は、現実世界に展開可能なシステムを作り上げることである。筆者らの戦略が安楽椅子哲学者たちを納得させなかったとしても、その工学的アプローチはわれわれの住む世界を根本的に変革することになるであろう。

## 6-1　期待の違い

知性へのどちらのアプローチの信奉者たちも、程度の差こそあれ、自分たちのアプローチが最終的には成功すると信じている。どちらもある程度の成功は実証されているが、どちらも一般性に関しては漠然とした期待しか持てずにいる。実証と一般化の問題は、これら二つのアプローチでは異なる方向を指し示しているように思える。

- 伝統的なＡＩでは、どちらかといえば貧弱な領域で、洗練された推論を実証しようとしてきた。期待されているのは、利用しているアイディアが、より複雑な領域での頑健な振舞いへと一般化されることである。
- 新しいＡＩでは、雑音の多い複雑な領域で、比較的洗練されていない課題を実証しようとしてきた。期待されているのは、利用されるアイディアが、より洗練された課題へと一般化されることである。

つまり、これら二つのアプローチは、互いに補い合うものであるようにも見える。二つのアプローチを組み合わせればさらに強力になるのか、という問題には取り組む価値がある。しかし、ここではこれ以上この問題は追求しない。

どちらのアプローチも、分析されていない側面に依存して成功を得ようとしている。

伝統的なＡＩは、ヒューリスティクスの利用に依存して探索を制御している。この話題に関しては数多くの数学的分析がなされてきたが、ヒューリスティクスの利用者はいまだに探索木中のケースの期待分布に依存して、「妥当な」量の枝刈りを得て問題を取り扱い可能なものにしようとしている。

新しいＡＩは、より小さな振舞いユニットの相互作用から、より大域的な振舞いが創発することに依存している。ヒューリスティクスと同様、これがいつでもうまくいくという先験的な保証は存在しない。しかし、シンプルな振舞いとその相互作用を注意深く設計することにより、多くの場合、有用で興味深い創発特性を持つシステムが作り出せる。この場合も利用者は、厳密な証明なしに期待に依存していることになる。

どちらの陣営が他方よりも優れているのか判断できるような、理論的な分析手法は存在するのだろうか？　もしかしたら存在するのかもしれないが、われわれは環境との相互作用のダイナミクスを定式化する正しい方法の理解にはいまだ遠く、そのような理論的な結果は近い将来には得られないであろう、というのが筆者の考えである。

## 6-2　具体的な問題

物理接地仮説に基づいたＡＩアプローチによって早急に取り組まれ、解決されなくてはならない具体的な問題には以下のようなものがある。

・多くの（例えば一ダース以上の）振舞い生成モジュールを、協調して有用な結果を生み出すように結合する方法。
・複数の知覚情報源を、融合の必要が本当にありそうに見える場合に、取り扱う方法。
・より大規模な（したがってより高性能な）システムが構築できるように、振舞い生成モジュール間の相互作用インタフェースの構築を自動化する方法。
・個別の振舞い生成モジュールの構築を自動化する方法、さらにはその変更を自動化する方法。

最初の二つの項目は、このアプローチがより大規模でより複雑な課題へ原理的に拡張可能かどうかという問題に具体的に影響する。後の二つの項目は、そのような大規模なシステムが原理的に可能であったとしても、どのように構築すればよいかという問題に関するものである。

物理接地仮説に基づく人工知能へのアプローチには、大いに実験の余地があり、また将来的に十分に成熟した際には、理論的な発展の余地も大いに存在することになるであろう。

## 謝辞

パティ・マースは、一度お断りしたにもかかわらず、私にこの論文を書くことを勧めてくれた。彼女とマヤ・マタリックは、この論文の初期の草稿に数多くの有用な批評を加えてくれた。

本研究の資金は、アメリカ海軍研究局との契約N00014-86-K-0685により大学研究イニシアティブから、アメリカ海軍研究局との契約N00014-85-K-0124により国防高等研究計画局から、さらにカリフォルニア州・マリブのヒューズ研究所人工知能センター、プリンストンのシーメンス研究センター、そしてマツダの技術研究所横浜研究所など、数多くの政府機関や企業から提供された。

## 注

(1) この論文での議論は、ニューラルネットワークとしてよく知られているものとは全く関係がないことに注意されたい。とはいえ、新しいAIの手法には古典的な神経科学の研究者の興味を引き得る側面が、数多く存在することは確かである。

(訳注1) 五億年ほど計算が合わないが、原文のままとした。

(訳注2) モノステーブル(単安定)マルチバイブレーターは、トリガーパルスが入力されたとき一定時間幅のパルスを出力する電子回路。パルスを出力中に再度トリガー入力があった場合、出力パルスが延長されるものは「再トリガー可能」と呼ばれる。

(訳注3) おそらく後出のブヨロボットを指すものと思われる。

(訳注4) プログラマブル・アレイ・ロジックの略で、現在のFPGAの祖先にあたる、デジタル回路をプログラム可能なハードウェア。

# 人工生命

クリストファー・G・ラングトン

橋本康弘・小島大樹［訳］

Christopher G. Langton (1989). Artificial Life, *Artificial Life: The Proceedings of an Interdisciplinary Workshop on the Synthesis and Simulation of Living Systems held September 1987, in Los Alamos, New Mexico*, Addison-Wesley の翻訳である。

一九九〇年前後に世界的な複雑系のブレークが起こった。火付け役は一九八四年に設立された非営利団体サンタフェ研究所(SFI)である。私は設立から一〇年以上たった一九九八年二月一七日にSFIを訪問し、ALife(人工生命、AL)の産みの親ラングトンに会った。合衆国ニューメキシコ州は冬の最中で大変寒かったのを覚えている。ラングトンとはAIとALifeの関係や複雑系の考え方について議論した。サンタフェ研究所の設立当初は金融機関などが経済分析に期待を寄せていたようであるが、私が訪問した頃はそれも下火になっていた。複雑系というコンセプトは世界を席捲したが、実用的な成果は得られなかったと言ってよい。

ここに収録した論文はラングトンによるALife宣言とも言える歴史的なものである。一九八七年の第一回ALifeワークショップで発表され、一九八九年に出版された。その主張は今から読み返しても色あせることなく、生命や知能の研究の方法論を示唆したものと言える。

その主張の中核にあるのは複雑系の考え方:部分に分解すると本質的な性質が失われてしまう、ということである。したがって、自然科学で常套とされている分割統治法(複雑な全体をより単純な要素に分割してそれぞれを研究する研究手法)がとれない。そこで構成的な手法が必要となり、

ALifeもそうした手法に法って研究される。私はＡＩも同じく構成的だと考えているが、ラングトンはＡＩとALifeではその方向が異なると主張する。ALifeでは単純な部品を用意し、それらから複雑な振舞いが創発することを期待している。それに対し、ＡＩでは人間の知能という全体から出発してその部品(計算原理)を探求しているというのだ。そしてその方向性は間違いであると主張している。論文中の**図11**にはアニメーションと人工知能がトップダウンのアプローチ、人工生命とコネクショニストがボトムアップアプローチとして描かれている。前者は困難、後者は容易としている。

この論文の執筆当時、人工知能という研究分野は「物理記号システム仮説」に基づく記号処理に限られ、現在の深層学習へと繋がるニューラルネットワーク研究(コネクショニスト)は含まれていなかったことに注意する必要がある。

この論文はALifeの目的から始まる。すでに存在している生命ではなく、ありうる生命の形を研究して、そこから生命の本質に迫ろうというのである。

続いてこの論文ではALifeに至る長い歴史が語られる。人工生命に先立つものとしてさまざまな機械が作られ、それらの振舞いを豊かにしていく試みが存在する。複雑な内部ダイナミクスを示す最初の人工物は機械式時計である。それに続いて複雑な動作をこなすアヒルや人形などの自動機械(オートマトン)が作られる。この過程で振舞いを制御する機構が開発される。「時計仕掛けの調整テクノロジーから、より一般的で、そしておそらく究極的にはより重要な、プロセス制御のテクノロジーが誕生し(中略)ついには、プログラム制御が現われた。」それはやがてアルゴリズムという抽象概念として定式化されることとなる。これらの試みは最終的に汎用コンピューターへと行き着く。

コンピューターの出現によってオートマトンは機械仕掛けの力学から記号を扱う論理学へと発展する。振舞いの制御が機械的フィードバックから情報のフィードバックに変わる。フォン・ノイマンが自己増殖オートマトンを設計したのはある意味で人工生命の先駆けだったように思う。その後、単純な規則でさまざまな振舞いを示すセル・オートマトンが出現した。ラングトンらの人工生命の研究の端緒はこのセル・オートマトンにある。セル・オートマトンは単純な規則からさまざまな振舞いを創発させてみせた。自己増殖するもの(ラングトン自身による)やグライダーのように飛び続けるものなどが有名である。

そしてさらに進化の考え方が加わる。遺伝子と、それによって発現する体やその振舞いの二重構造ができ、遺伝子の変化でさまざまな新しい形態が生まれ、それが淘汰されていくという構造だ。ここまでくるとラングトンの言っている「ありうる生命の形」の意味がはっきりしてくると思う。

進化の考え方をプログラムに取り入れた遺伝的アルゴリズムはさまざまな分野で応用されている。新しい遺伝子型(GTYPE)を作り出し、その表現型(PTYPE)が作り出す環境との相互作用の上で淘汰が行われる。ただし多くのモデルは環境がトップダウンに規定されており、それは良くないとラングトンは指摘している。環境もボトムアップに構成されるべきである。

ALife研究からの知見は、生命は非線形であり、振舞いは局所的に決められるという点にある。

[中島秀之]

生気論は、単なる物質的な構成要素で組み上げられた機構に過ぎないものであるように生き物が振る舞うことはない、と断言するに至った。しかしこれは、単なる物質的な構成要素とはなにか、そしてそれらによってどのような種類の機構を組み上げられるかを知っていることが前提となっているのだ。

C・H・ウォディントン『生命の本質』

人工生命は、自然の生命システムに特徴的な振舞いを示す、人間によって作られたシステムの研究である。それは、コンピューターや他の人工媒体の中で生命のような振舞いを合成しようと試みることで、生物の分析に従事してきた伝統的な生物科学を補完する。生物学が基礎を置く経験的な基盤を、地球上で進化した炭素鎖の生命を超えて拡張することによって、我々が知る生命は存在しうる生命という、より大きな描像の中に位置づけられ、それによって人工生命は理論生物学に貢献することができるのである。

## ありうる生命の生物学

生物学は生命の科学的研究である——とにかく原則としては。ただ実情としては、生物学は炭素鎖の化学に基づいた生命の科学的研究となっている。しかし、生物学の憲章に生物学を炭素系生命の研究に限るものはなく、単にそれが研究に利用できる唯一の種類の生命だったというに過ぎない。その結果、理論生物学は長い間、根本的な障害に直面してきた。それは、ただ一つの実例から一般理論を導出するという、不可能ではないにしても困難な問題である。

確かなことは、生命は動的な物理過程として、他の物質的な素材に「宿り」うるだろうということである。材料が正しい方法で組織化されさえすればよい。また同じくらい確かなことは、生命を構成する動的過程というものは、それがどのような物質的基盤の上に生じるものであれ、何らかの普遍的な特徴を共有していなければならないということである。その特徴とは、物質とは無関係に、動的な形のみから我々が生命であると認識できるような特徴である。あらゆる可能な物質的基質を超えてはっきりと示される生命の、この一般現象こそが生物学の真の主題である。

しかし、他の実例を抜きにして、生命に不可欠な特性を偶発的な特徴から見分けることは極めて難しい。つまり、前者はあらゆる生命システムが原則として共有しなければいけない特徴であるのに対し、後者はたまたま地球上の生命にとって普遍的だった特徴であり、それはひとえに局地的で歴史的な偶然と、共通の遺伝的出自の組み合わせのおかげなのである。異なる物理化学に基づいた有機体が、我々の研究に資するために近い将来目の前に現れるとは考えにくい。したがって、唯一の選択肢は我々自身で別の生命形態の合成を試みることである。それが人工生命、すなわち、自然ではなく人間によって作られる生命である。

# 人工生命

我々が知る生命(life-as-we-know-it)を、存在しうる生命(life-as-it-could-be)という、より大きな文脈の中で眺めることができて初めて、我々は生命に備わった本質について本当に理解するだろう。人工生命(Artificial Life；ＡＬ)は比較的新しい分野であり、存在しうる生命の研究に対して合成的なアプローチを採用する。それは生命を、生命として組織化される物質がもつ特性ではなく、物質の組織化がもつ特性と見なす。

生物学が主に生命の物質的基盤に関心をもってきたのに対し、人工生命は生命の形式的基盤に関心をもつ。生物学は伝統的に、生物を複雑な生化学機械と見なすことで、頂点から出発し、そこから下方へ分析的に進んできた。つまり、器官から始まり、組織、細胞、細胞小器官、膜組織、そして最後に分子へと進みながら、生命の機構を探求してきた。人工生命では、有機体を単純な機械の大きな集団と見なすことで、麓から出発し、そこから上方へ合成的に進んでいく。つまり、生命的で大域的なダイナミクスを支えている、非線形に相互作用する、単純で、ルールに支配された物体の、大きな集合体を作り上げていく。

人工生命において「鍵」となる概念は創発的な振舞いである。自然の生命は、多数の非生命的な分子の組織化された相互作用から創発し、各部分の振舞いに責任をもつ大域的な制御装置をもたない。むしろ、各部分はそれ自身が挙動子(behavor：造語)であり、生命とは個々の挙動子の間の局所的な相互作用の全体から創発する振舞いなのである。人工生命が採用する生命的な振舞いを生成するための第一義的な方法論的アプローチとは、このボトムアップで分散的で局所的な、振舞いの決定である。

## 人工性

辞書（*American Heritage Dictionary of the English Language*）は「artificial（人工的な）」という用語を「自然に生じるのではなく、人間によって作られた」と定義している。しかし、この用語には人工生命の研究にとってより適切なもう一つの意味がある。その意味はサイモンによる優れた小論『人工物の科学』（Simon 1969）の中で最も巧みに表現されている。

人工性とは、本質的には異なりながらも、知覚的な類似性をもつことを意味する。内部ではなく外観が似ているということである。人工物は、外部のシステムに本物と同じ外観を呈することで、本物を模倣する。（…）模倣が可能な理由は、別個の物理系がほぼ同一の振舞いを示すように組織化できるからである。（…）もし、我々が興味をもつ側面が、部分の組織化によって生じるものであって、個々の構成要素の特性のほとんど全てから独立に生じるものならば、異なる内部機構をもつシステムであっても、その振舞いが似ることはかなりの程度可能である。

このように、生命システムを構成する要素の振舞いの本質を捉えようと努め、それと似た振舞いのレパートリーを人工的な構成要素の集団にもたせることで、人工生命は自然の生命を研究するのである。正しく組織化されれば、人工的な部分の集合体は自然のシステムと同じ動的振舞いを示すはずである。

このボトムアップのモデル化技法は自然界にある生命システムの階層のあらゆるレベルに適用できる。すなわち、ミリ秒時間スケールの分子ダイナミクスのモデル化から、数千年にわたる個体群における進化のモデル化までをも含む。そのいずれのレベルにおいても、振舞いの基本要素が同定され、局所的な条件に応じたそれらの振舞いのルールが規定され、基本要素の挙動子が自然におけるそれらの対応物と同じように組織化され、そして、低レベルの基本要素の間に働く無数の局所的相互作用のすべてをひとまとまりとみたときに、興味ある振舞いがその「肩の上にのって」創発することが可能になる。

生命の研究へのこの合成的なアプローチにとって理想的な道具はコンピューターである。しかし、伝統的なコンピュータープログラム——多数の定義済みデータ構造群を大域的に利用できる集中型の制御構造——はコンピューターの中に生命を合成するには不適切である。計算の新しいアプローチが必要であり、それは何かしらの最終的な結果ではなく、進行する動的振舞いに焦点を合わせたものである。

コンピューターを使った人工生命モデルに不可欠な特徴とは以下のものである。

- 単純なプログラムあるいは仕様の集団からなる。
- 他のすべてのプログラムに命令するプログラムは存在しない。
- 各プログラムは、単純な実体がその環境における局所的な状況(他の実体との遭遇を含む)に反応する方法を詳述する。
・システムの中に大域的な振舞いを指示するルールが存在しない。
・したがって、個々のプログラムより高いレベルのあらゆる振舞いは創発的である。

例示のために、アリのコロニーのモデリングについて考えてみよう。この場合、まずアリの様々な社会階層の振舞いのレパートリーについて単純な仕様を与え、それぞれの社会階層に属する具体的実体を非常にたくさん作る。そして、シミュレーションされた二次元環境の中で、何らかの初期構成から、この「アントマトン」(ドイン・ファーマーによる造語)集団を始動させるのである。それ以降のシステムの振舞いは、個々のアントマトン同士、およびアントマトンとそれらの環境の特徴の間の局所的な相互作用すべての集合的結果に完全に依存するだろう。そこには、コロニーの振舞いについての何らかの高レベルのルール集合に従って、進行するダイナミクスの振り付けを行う「訓練教官」のようなアントマトンは一つも存在しない。アントマトンのコロニーの振舞いは、まさに本物のアリのコロニーのように、個々のアントマトン自体の振舞いから創発するだろう。

これら一つ一つのアントマトンが挙動子である。そのような挙動子を単純な機械と見なそう。人工生命は、大域的なレベルで現れる振舞いが自然の生命システムが示す何らかの振舞いと本質的に同じになるように、それら低レベルの機械の振舞いを調整することに関心があるのである。

## 機械の生気

**animate** 他動詞　1. To give life to; fill with life.（〜に生命を与える、〜を生命で満たす）（*American Heritage Dictionary of the English Language*）

機械に生命を与えるために、どのように取り組んでいけばよいのだろう？　どのように機械を生命へともっていくのだろう、あるいは機械に生命をもたらすのだろう？

animateという用語の語源は印欧語由来のaneに遡り、「呼吸する」ことを意味する。ラテン語animusの祖先でもあり、理性、精神、魂、神霊、生気、呼吸などの意味がある。これは、生命とはある種の「エネルギー」や「力」、あるいは「本質」であり、死の際に肉体を去るもので、それらを欠いた物質的な肉と骨のみで生きることはできない、という考え方と対応している。このように、有史以来、何かしら物質的な物体に生命を与えるという考え方は、この神秘的な力あるいは本質を、それなくしては生きてはいけない物質的な肉体に「吹き込む」という行為を含んでいた。

生命は、物質的な有機体の込み入った組織に加えて、別に必要な「何か」であるという考え方は、生気論として知られている。生気論は、過去二世紀の間、唯物論の伸張に対する防衛と、特にダーウィン以降、人間さえも含む自然界にあるものすべてを説明する恐れがあった科学的手法に対する防衛として、特に強く支持された。さらに悪いことに、科学的手法は超自然物や神を頼むことなく、日々の物理現象や物質を参照するだけですべてを説明する恐れがあり、そのことによって、生気を除けばただの物質的な物体からなる宇宙において、人間をその高貴な地位から取り除くことになってしまうのだ。

今日の生物学者は生気論を否定していて、むしろ、我々が知る生命は、最終的には生物化学の文脈において完全に説明され得ると信じている。こうして、ほとんどの生物学者は、とにかく原則としては、以下の命題に同意するだろう：生物は複雑な生化学機械以上の何ものでもない。しかし、それらは我々が日々経験する機械とは異なっている。生物は単に複雑な生化学機械というだけではない。むしろ、それは相対的に単純な機械の大きな集団であると見なければならない。その振舞いの複雑性は、この多様な様式をもつ集団のすべてのメンバー間の相互作用がもつ、高度に非線形な性格によるものである。機械に生命を吹き込むこととは、したがって、生命を機械に「もたらす」ことではなく、機械の集団を、それらの相互作用のダイナミクスが「機能している」ような方法で組織化することである。

## 振舞い生成の問題

人工生命は生命的な振舞いを生成することに関心がある。したがって、振舞いの生成器を作る問題に焦点を合わせる。手始めは、振舞いが自然システムの中で生成・制御されるメカニズムを同定し、それらのメカニズムを人工システムにおいて再現することである。これは本稿においてこのあと我々がとる針路である。

関連分野である人工知能は、知的な振舞いを生成することに関わるとされる。それもまた、振舞いの生成器を作るという問題に焦点を合わせている。しかし、初期には背後のメカニズムを同定するために自然の知性に目を向けていたが、これらのメカニズムは知られていなかったし、今日でも知られていない。そのため、初期にニューラルネットと戯れた後に、ＡＩは複雑な振舞いを生成するための知られている唯一の他の手段である直列型のコンピュータープログラムのテクノロジーと結婚することとなった。その結果として、最初期から人工知能は、知的な振舞いの生成のための基本的な方法論として、自然システムにおいて知性が生成される方法との間に、関係性を示すことができないものを採用することとなった。実際のところ、ＡＩは主に、知的な振舞いを産み出すことよりも、知的な解決方法を産み出すことに焦点を当ててきた。これら二つの可能な焦点の間には、雲泥の差があるのだ。

それとは対照的に、人工生命は、自然の生命システムにおいて振舞いが生じるメカニズムの多くが今では知られているという、多大な幸運に恵まれた。我々の知識には依然多くの穴があるが、全般的な描像については整っている。そのため、人工生命は自然の生命に対して忠実であり続けることができ、今まさにＡＩに取り憑こうと戻ってきているような類の（訳注１）不貞に頼る必要がない。さらに、人工生命は、何らかの解決方法に到達するシステムを構築することに関心はない。ＡＬシステムにとっては、進行中のダイナミクスこそが興味のある振舞いであり、そのダイナミクスによって最終的に到達することになる状態が興味の対象ではないのだ。

振舞いを生成する自然な方法についての鍵となる洞察は、自然は根源的に並列であることに留意することで得られる。これは自然の生物の「アーキテクチャー」の中に反映されている。自然の生物は何百万という部品からなり、各部品はそれぞれ自身の振舞いのレパートリーをもっているのだ。生命システムは高度に分散型であり、そして極めて大規模な並列型である。もし我々のモデルが生命に忠実であろうとするなら、それらもまた高度に分散型で極めて大規模に並列型でなくてはならない。実際、何か別のやり方が実行可能であると証明される見込みは低いだろう。

## 予告

本稿の残りにおいて、人工生命という分野の多くの異なる側面について議論していく。最初に、生命をシミュレートする人類の試みの歴史について概観し、この企てにとって本質的であると判明している知的展開の主な道筋を特定することを試みる。

二つ目に、生物における遺伝子型と表現型の区別について概観する。そこでは、遺伝子型を機械装置の仕様、表現型を仕様が規定する機械装置の振舞いと見なす。それから遺伝子型と表現型の概念を一般化することで、人工システムにおいて振舞いを生成するという課題にそれらを適用できるようにする。

次に、遺伝子型と表現型の区別を自然に用いる再帰的に生成される物体という方法論について概観する。そして、具体的な生命的振舞いの生成への応用例を示す。最後に、振舞いの生成器を生成する問題について議論し、そのために、進化のプロセス、そして遺伝的アルゴリズムの議論を参照することになる。

全体を通して、焦点は機械とそれらが生成可能な振舞いに当てられる。人工生命という分野は臆面もなく機械論的かつ還元主義的である。しかし、この新しい機械論は、機械の多重性と、非線形力学やカオス理論、形式的計算理論の最近の成果に基づいているのであり、前世紀〔一九世紀〕の機械論とは大きく異なる。

## 人工生命の歴史的ルーツ

人類は長い歴史を通して、現代テクノロジーの機構を自然の中のそれらの働きに投影し、前者によって後者を理解しようとしてきた。

最初期の機械的なテクノロジーは人類の物理的な能力を拡張する道具を提供し、生きていくために必要な労働を大いに削減した。初期のテクノロジーは水を運んだり、石や木材を扱ったり、食料を獲得したり加工したりするための道具を生み出した。人類は道具によって、物事の自然の秩序を目的や必要に合うように作り変えることができるようになった。

しかし、四季の移ろいなど、自然には変えられないものも多く、その場合、人類は自然の秩序に適合するように自分たち自身の振舞いを変化させなければならなかった。そうするために、ある何らかの事象がいつ起こるのか、あるいは起こるはずなのかを予測可能にする、自然のモデルを構築できることは有用であった。洪水を予期したり、農作物を植え収穫する時期を決定したり、太陽や月や惑星が天空を移動する動きを予測したりできるように、モデルは発展した。人類は自然の秩序を最大限に活用するために、モデルによって自分たち自身の振舞いを変化させることができた。

モデルを構築することはある種の機械を構築することに少し似ている。モデル化の技術はそれ自身テクノロジーであり、人間の心的能力を拡大する道具を生み出すものである。もしくは、生活していくために必要な心的労力を大いに削減する思考の道具を生み出すものである。その時代の機械的なテクノロジーが十分に進歩していたならば、これらの思考の道具は最終的にはハードウェア化され、物理的な機械となる。このようにして、機械の歴史は、より複雑な一連の動作を漸進的にハードウェアに落とし込む継続的なプロセスを含む。それらの動作は、物理的あるいは心的もしくはその両方において、以前は筋肉と脳だけに頼って実行されていたものである。

したがって、生命の初期のモデルが、当時の主たるテクノロジーを反映したことは当然である。最初期のモデルは、生きているものの静的な形を捉えた、単純な小像や絵画などの芸術作品であった。後に、生きているものの動的な形を捉えるために、これらの小像にははっきりした腕と足が与えられた。これらの単純な小像は内的なダイナミクスをもたず、したがってそれらを振る舞わせるためには人間の操作が必要であった。

最初期の機械装置でそれ自身の振舞いを生成することができたものは、水力テクノロジーに基づいていた。クレプシドラと呼ばれた初期エジプトの水時計である。それらの装置は、固定された開口部から水をしたたらせるという、つまりは速度制限プロセスを利用することで、太陽の位置という別のプロセスの進行を表示した。紀元前一三五年頃、アレクサンドリアのクテシビオスは水力の機械式時計を開発した。それは浮袋やサイフォン、水車が駆動する一連の歯車といった、利用可能な水力テクノロジーの多くを採用したものであった。

西暦一世紀、アレクサンドリアのヘロンは空気力学に関する論文を発表したが、それはとりわけ、単純な動きを生成するための空気力学的な原理を活用した、動物や人の形をしたさまざまな小物について記したものであった。

しかし、複雑な内部ダイナミクスを示す人工物が可能になるには、実に機械式時計の時代まで待たねばならなかった。西暦八五〇年頃、機械式脱進機構が発明され、落下する錘の力を調整するために使われた。この発明は時計仕掛けの黄金時代の先導役となった。一三二六年にウォリンフォードのリチャードによって開発されたものが、この調整機構を利用した最初期の機械式時計のようだ。後に、ガリレオに続き、振り子時計が登場し、脱進機構における調速のためのさらに巧妙な開発がなされた。中世とルネサンスを通じて、テクノロジーの歴史は時計のテクノロジーとおおむね密接な関係にあった。時計はしばしば時代のテクノロジーの最も複雑で先進的な応用事例だったのである(1)。

おそらく、生命の最初期の時計仕掛けのシミュレーションは、いわゆる「ジャック」だろう。それは、初期の時計に組み込まれた、時刻を知らせるベルをハンマーで打つ機械式の「男」である。「ジャック」という言葉は「鎧を着こんだ男」を意味する「ジャックマール」に由来する。これらの付属人形は時計の文字盤と針が普及した後も依然人気があり、進化を重ねてついには多数の人形を制御するまでに至り、計時機能は二の次となった。それらの人形は様々な動作を行い、さらには一つの劇を演じきるようなものでさえあった。

最終的に、時計仕掛けの機構は時間を計るという建前をすっかり捨て去ったものに見受けられた。これらの「オートマトン」は生命的な動きを機械的な人形や動物に与えるために完全に捧げられたのだ。これら機械的なオートマトンを用いた生命のシミュレーションには、象や孔雀、歌う鳥、音楽家、さらには占い師といったものまであった。

この発展の流れは有名なヴォーカンソンのアヒルでその頂点に達した。「生きているアヒルのように、飲んだり、食べたり、鳴いたり、水遊びをしたり、食べたものを消化したりする、金メッキの施された銅製の人工アヒル」と描写されたものである。(2)

ヴォーカンソンのアヒルは最も有名なオートマトンである。一七三五年、二六歳のジャック・ド・ヴォーカンソンはパリに到着した。当時の哲学思想の影響を受けて、彼は人工的に生命を再現しようとしたようだ。

残念なことに、人工アヒルを作るための詳細を伝えるような、アヒル自体も、いかなる技術説明あるいは図表も残っていない。その機構がもつ複雑性は、片翼が四〇〇個以上の連結した部品を含むという事実によって証言されている。

ヴォーカンソンのアヒルを修理するために呼ばれた一人がライヒシュタイナーという名の「機械技師」だった。彼はそれに非常に感銘を受け、続いて彼自身のアヒル(今ではこれも失われてしまった)を作成し、一八四七年に発表した。以下は新聞『ダス・フライエ・ヴォルト(Das Freie Wort)』に記載されたこのアヒルの動作である。

台の一点を軽く触ると、アヒルは実に自然な動きで周囲を見回して、利口そうに観客を見つめるのである。しかしアヒルのご主人様はどうやらその様子を違うように解釈するらしく、すぐにその鳥が食べるものを探しに立ち去った。そして、主人がオートミールの粥を皿に盛るやいなや、我々の飢えた友は鉢の中に嘴を深く差し込み、いくばくかの特徴的な尾羽の動きで満足感を示すのである。粥をついばみガツガツと飲み下すその様は、驚くほど実物どおりである。たちどころにして鉢は半分まで空になったが、その間、まるで聞きなれない物音に驚くかのように、その鳥は時折頭をもたげて怪訝な顔で周囲を見回した。その後、つましい食事に満足したアヒルは、何回か満足げな鳴き声を上げて感謝の意を表現しながら、立ち上がり、羽ばたき、体を伸ばし始めるのである。

しかし皆を最も驚かせたのは鳥の体の収縮であった。それは、この早食いによって胃袋の調子が少し悪くなったことをはっきりと示しており、苦しい消化の影響は明らかだった。しかし、その勇敢で小さな鳥はなんとかもちこたえ、しばらくすると体内の窮境を克服したことを、我々は最も具体的な形で確信するのである。実を言えば、今や部屋中に充満する臭いがほとんど耐え難いほどになったのである。この実演が我々に与えた喜びを、芸術家的発明者に表したい。

**図 1**　ヴォーカンソンによるものとされる機械式アヒルの 2 枚の写真.『オートマトン：歴史的および技術的考察』(Chapuis and Droz 1958) に掲載.

**図 2**　ジャケ・ドロー家によって作られた，絵を描くオートマトンの 2 枚の写真．『オートマトン：歴史的および技術的考察』(Chapuis and Droz 1958)に掲載．

**図 1**に示した二枚の写真はそのような人工アヒルの一つである。これがヴォーカンソンのアヒルなのか、あるいはライヒシュタイナーのアヒルなのかについては、いくばくかの論争がある。

## 制御機構の発展

オートマトンの時計仕掛けの調整テクノロジーから、より一般的で、そしておそらく究極的にはより重要な、プロセス制御のテクノロジーが誕生した。機械式のアヒルの描写の中で実証されたように、ある種の時計仕掛けの機構はオートマトン側の著しく複雑な動作を制御する必要があった。単に部品に動力を供給するだけではなく、同時にそれらを順序付ける必要があったのである。

制御機構は、初期の単純な装置(円盤に取り付けたレバーが回転運動を直線運動に変換するようなもの)から、後期のより複雑な装置(多くの相互接続した機械的なアームが一揃いのカムの上に乗ったようなもの)へと進化し、極めて複雑なオートマトンの振舞いを生み出した。

ついには、プログラム制御が現れた。それは、相互転換可能なカムや、オートマトン側の任意の一連の動作をプログラムできる可動ペグのついたドラムといった装置を内蔵したものであった。**図2**に示した文章を書き絵を描くオートマトンは、ジャケ・ドロー家によって作られた、プログラム可能なオートマトンの例である。こうしたプログラム制御の導入は、汎用コンピューターへと至る初期の展開の一つである。

## 機械の論理「形式」の抽象化

二〇世紀の初頭、論理構造を算術の機械的プロセスに形式的に適用することは、「プロシージャー(手続き)」の抽象的な定式化につながった。チャーチ、クリーネ、ゲーデル、チューリング、ポストらの研究は、手順の論理的シーケンスという考え方を定式化し、機械的プロセスの本質(つまりその動的な振舞いの原因となる「もの」)とは、物では全くなく、抽象的な制御構造、すなわち「プログラム」(有限のレパートリーから選ばれた単純な動作のシーケンス)なのであるという認識へとつながった。さらに、この制御構造に不可欠の特徴とは、ルールの抽象集合(形式的な仕様)の内に捉えられるものであり、機械を構築する材料を問わないと認識された。機械の「論理形式」はその構築のための物質的基盤とは分離され、「機械性」は後者ではなく前者の特性であるということが判明したのである。もちろん、人工生命で呈された指針的な仮説は、有機体の「論理形式」はその構築のための物質的基盤とは分離され、「生きているということ」は後者ではなく前者の特性であると知ることになるだろう、というものである。

今日では、「機械」の形式的な等価物はアルゴリズムである。つまり、物質的構成の詳細によらない、オートマトンのダイナミクスの背後にある論理構造である。今ではプログラミング言語や形式言語理論、オートマトン理論、再帰的関数理論など、抽象的な機械の仕様を規定し操作するための多くの形式的手法がある。これらの多くは論理的に等価であることが示されている。

機械について、その抽象的で形式的な仕様という観点から考えるようになれば、抽象的で形式的な仕様を潜在的な機械と見なすように見方を変えることができる。我々が日常的に体験する機械を形式的仕様に対応づけるときに、決して可能な仕様の空間を使い尽くしたりはしていない。実に、個々の機械のほとんどは、仕様の空間の非常に小さな部分集合に対応づけられているのである。それは系統的で、退屈で、つまらないダイナミクスによっておおむね特徴づけられる部分集合である。しかし、合わさって集合体となった場合、最も単純な機械であってさえも極めて複雑なダイナミクスに参与しうるのである。

## 汎用コンピューター

プログラム制御、計算機関、そして機械の形式理論といった、技術開発のさまざまな道筋は、汎用のプログラム内蔵方式コンピューターに集約されてきた。プログラム可能なコンピューターは、極度な一般性をもった、振舞いの生成器である。それらは自身の内発的振舞いをもたない。プログラムがなければ、形をもたない物質のようなものである。それらはどう振る舞うかを指示されなければならない。コンピューターにプログラムを与えることで、つまり機械のための形式的な仕様を与えることで、あたかもプログラムによって仕様を規定された機械のように振る舞うように、我々はコンピューターに指示するのである。そうしてコンピューターは所望の課題の遂行に、より特化した機械を「模倣する」のである。その偉大な能力は振舞いの可塑性にある。もし順を追った仕様をある特定の種類の振舞いに対して与えることができれば、コンピューターはカメレオンのようにその振舞いを示すであろう。コンピューターとは二階の機械と見るべきなのである。すなわち、一階の機械の形式的な仕様が与えられれば、コンピューターはその機械に「なる」のだ。このように、形式的な記述に必要なコストのみで、可能な機械の空間は研究に直接利用可能なのである。いわば、コンピューターは抽象機械を「実現する」のだ。

## 機械の振舞いの形式的限界

コンピューター(そして、拡大すればその他の機械)は、困惑するほど多様な振舞いを示すが、コンピューターに期待できる振舞いの種類について、我々は二つの原理的限界に向き合わねばならない。

一つ目の限界は、**原理的な計算可能性**における限界である。ある特定の振舞いには「計算不能」なものが存在する。それは、その振舞いを示すことになる機械に対して、形式的な仕様を与えられないもののことである。この種の限界の古典的な例はチューリングの有名な**停止問題**である。これは、他のあらゆる機械の記述とその初期状態が合わせて与えられれば、その機械が停止状態に到達するかどうかを(仕様を見ただけで)決定することができるような機械に、形式的な仕様を与えられるか、という問題である。チューリングは、そのような機械の仕様を与えることはできないことを証明した。ライスらは(Hopcroft and Ullman 1979)この決定不能性の結果を、任意の機械の未来の振舞いのあらゆる非自明な特性の(仕様を見ただけによる)決定に拡張している。

二つ目の限界は、現実的な計算可能性における限界である。コンピューターにその振舞いを示させるような手順のシーケンスを、どう指定してよいかわからないような振舞いが多く存在する。どうすればよいか既に知っているものであれば自動化することができるが、どうすればよいかわからないものがたくさんあるのだ。このように、ある特定の振舞いを示すことになる機械に形式的な仕様を与えることは原理的には可能だが、可能な記述の空間を通して試行錯誤の探索をすること以外に、現実的にその形式的な仕様を生み出すための形式的な手順を我々はもたない。

機械の形式的な仕様という概念、つまり機械の論理構造の仕様を、機械の振舞いの形式的な仕様という概念、つまり機械が経験する遷移のシーケンスの仕様と分離する必要がある。我々は前者については形式システムをもっているが、後者についてはもっていない。一般に、仕様から振舞いを導くこともできなければ、振舞いから仕様を導くこともできないのである。

教訓は、何らかの機械の振舞いを決定するためには、それらを動かしてみて、どのように振る舞うのかを見てみる以外に解決の方法はないということである! これは、我々(あるいは自然)が振舞いの生成器それ自身の生成に取り組むための手法に関する帰結を導く。これについては進化に関する節で取り上げる。

## 力学から論理学へ

汎用コンピューターの発展によって、生命の力学から生命の論理学へと注目は移った。コンピューターのとてつもない模倣の能力は、非常に多くの可能な機械（それらはおそらくハードウェア化されることはなかったであろう）の振舞いを探索することを可能にした。一九五〇年代と一九六〇年代には、コンピューターと電気機械的な生命のモデルへの関心が爆発した。

## フォン・ノイマンとオートマトン理論

生命的な振舞いへの最初の計算論的アプローチは、ハンガリーの聡明な数学者であるジョン・フォン・ノイマンによるものである。彼の同僚であったアーサー・W・バークスの言葉によれば、フォン・ノイマンは以下の一般問題に関心があった（Burks 1970）。

オートマトンがそれ自身を再生産するには、どのような種類の論理的な組織があれば十分だろうか？　この問いは精緻ではなく、また興味深い問いにもつまらない問いにもなりうる。フォン・ノイマンがその問いを発したとき、自己複製のよく知られた自然現象が念頭にあったが、彼は遺伝学と生化学のレベルで自然システムの自己複製のシミュレーションを行おうとはしなかった。**彼は自然の自己複製問題からその論理形式を抽出することを望んだのである。**（強調は引用時に追加）

フォン・ノイマンの最初の思考実験（彼の「運動論的モデル」）の中で、機械はたくさんの機械の部品と一緒に池の表面を漂っている。その機械はユニバーサルコンストラクターであり、これはいかなる機械の記述を与えられても、適切な部品を配置してその機械を構築するものである。もし自分自身の記述が与えられれば、自分自身の複製を構築する。しかし、これは完全な自己複製ではない。なぜなら、子孫となる機械は自分自身の記述をもつことがなく、それゆえさらなる複製を作り続けることはできないからである。したがって、フォン・ノイマンの機械は記述複製子をも含む。それはいったん子孫の機械が構築されたならば、「親の」機械は自分自身を作り出した記述のコピーも作り、その記述のコピーを子孫の機械に付け加えるのである。これは真の自己複製を構成する。しかし、フォン・ノイマンはこのモデルがプロセスの論理構造をプロセスの材料から適切に区別できないと判断し、自己複製のモデル化が行われる完全に形式的なシステムをあれこれ考えた。

スタン・ウラムはロス・アラモスでのフォン・ノイマンの同僚であり、彼もまたパターン生成と競合の動的モデルを発明した一人である(Ulam 1962)。彼はセル・オートマトン(CA)として知られるようになった適切な形式論を提案した。簡単に言えば、CAモデルは、機械の最も単純な形式的モデルである有限オートマトンからなる規則的な格子によって構成される。有限オートマトンはどんなときにも有限個の状態の中からただ一つの状態をとることができ、ある時刻から次の時刻の状態間の遷移は状態遷移表によって支配される。状態遷移表は、ある入力とある内部状態が与えられたとき、次の時刻に有限オートマトンがとるべき状態を指定する。CAでは、必要な入力は隣接する格子点のオートマトンの状態から導かれる。このように、時刻$t+1$のオートマトンの状態は、時刻$t$のそれ自身とその直近のオートマトンの状態の関数である。格子上のすべてのオートマトンは同じ遷移表に従い、各時間ステップにおいて、それぞれ同時に状態を変化させる。CAは、人工生命によって追い求

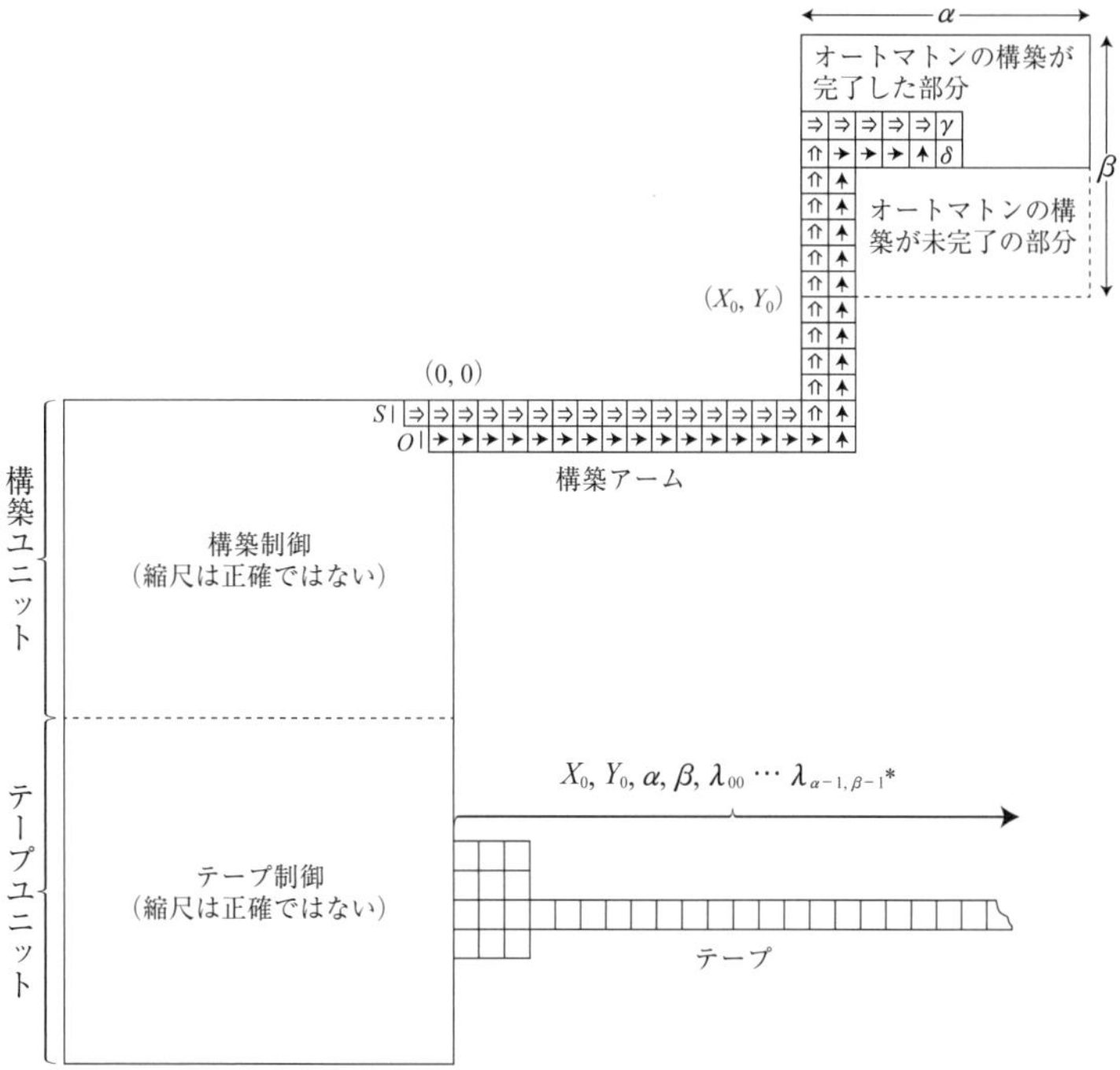


**図3**　フォン・ノイマンの自己複製するCA配置の模式図．Burks(1970)より．イリノイ大学出版局の好意により再掲．

められた種類の計算論的パラダイムのよい例である。つまりボトムアップ、並列、そして局所的に振舞いを決定する。

フォン・ノイマンは、彼の運動論的モデルの論理的な等価物を、セル当たり29状態を用いる大きなCAの中の状態の割り当ての初期パターンとして埋め込むことができた(**図3**)。自己複製オートマトンにおけるフォン・ノイマンの仕事は彼が亡くなった当時は不完全なまま残されたが、アーサー・バークスはそれまでになされたことを整理し、残された詳細を埋め、「複雑なオートマトンの理論と組織化」と題して一九四九年にイリノイ大学で行われたフォン・ノイマンの講義の文字起こしとともに出版した。そこにはフォン・ノイマンの複雑系一般の研究に関連した様々な問題についての見解が示されている(Von Neumann 1966)。

フォン・ノイマンのCAモデルは、生き物の本質的に特徴的な振舞い(自己複製)が、機械によって実現可能であることの構成論的な証明であった。さらに彼は、そうしたいかなる手法も、以下の二つの根本的に異なる方法で、機械の記述に含まれる情報を利用しなければいけないことを見出した。

- 解釈される情報:子孫の構築において実行される命令。
- 解釈されない情報:子孫に渡す記述を構成するために複製される不活性なデータ。

もちろん、ワトソンとクリックがDNAの謎を解明したとき、彼らはそこに含まれる情報が、転写/翻訳と複製のプロセスの中で、まさしくこれら二つの方法で用いられていることを発見した。

フォン・ノイマンは、彼のモデルを記述するにあたって以下のように指摘した(Burks 1970)。

このようなやり方でオートマトンを公理化することで、問題の半分を窓から投げ捨ててしまった。そちらの半分の方がより重要だったかもしれない。これらの部分がどのように実在するもので構成されているか、とくに、これらの部分が実際の素粒子、あるいはより上位の化学分子からどのように構成されているかを説明することを断念してしまったのだ。

赤ん坊を湯水と一緒に流してしまったか否かは我々が問うている問題に依存する。もし物理学と有機化学の既知の法則から、我々が知っている生命がどのように創発するかを説明することに関心があるなら、その赤ん坊はたしかに投げ捨てられてしまっている。しかし、もし、生命的な振舞いがどのように論理的な基本要素の集団の中の低レベルの相互作用から創発するかを説明する、より一般的な問題に関心があるなら、赤ん坊はまだ我々とともにある。

## ウィーナーとサイバネティクス

プロセス制御のテクノロジーは、その離散的な形式においてはフォン・ノイマンのオートマトンアプローチを導いたが、その連続的な形式においては、ノーバート・ウィーナーによって「動物と機械における制御とコミュニケーションの研究」として提唱された、サイバネティクスを導いた(Masani 1985, Wiener 1961)。

「サイバネティクス」という用語は、プラトンによって「統治」という意味で用いられたギリシア語の κυβερνήτης(訳注2)(舵手)に由来する。ウィーナーにとって、この語は振舞いに対するゴール志向で目的をもった制御の感じを与えた。

サイバネティクスは対空砲火の制御に関するウィーナーの戦争に関連した仕事に起源があった。対空火器は、目標の現在の位置ではなく、砲弾の飛行中に航空機が動く先を撃たねばならない。したがって、制御装置は航空機の未来の軌道を予測、あるいは「先取り」しなければならない。観測された時系列に対して、起こりそうな未来の針路を予測するための一般的な数学的基礎づけを行う中で、ウィーナーと彼の同僚であるジュリアン・ビゲロウは、予測された動きと実際の動きの間の偏差についての情報を集めることが重要であると認識するに至った。これらの偏差は次に予測器への入力としてフィードバックされ、さらなる予測への補正として扱われるのだ。

ウィーナーとビゲロウは、補正的フィードバックの不適切な扱いが、制御装置の一部に二種類の異なる形式をもった「病的な」振舞いをもたらしうることにも気づいた。もし補正的フィードバックに対して制御装置の感度が十分によくなければ、補正は偏差に対して足並みがそろわず、予測された動きと実際の動きの間の食い違いは大きくなり続けるだろう。一方で、制御装置がフィードバックに対して過度に感度がよい場合、各々の補正操作は大きくなり過ぎ、結果として偏差もどんどん大きくなり、最初は一方に振れたものが、すぐ次には反対側へと振れてしまうだろう。ついには、システムは激しい振動へと救いようがなく陥ってしまう結果となる。

一つ目の病的な振舞いの形は、人や動物の運動失調症として知られている状態に類似していた。それは、腕や足からの内部の感覚フィードバックが不十分あるいは欠落しているというものである。ウィーナーとビゲロウは、二つ目の病理の形態が人間あるいは動物にも起こり得るかについて、アルトゥーロ・ローゼンブリュートに尋ねた。ローゼンブリュートは即座に、小脳に損傷を受けた患者にときどき観察される「企図振戦」という状態がちょうどそのような病態であると答えた。

ウィーナー、ビゲロウ、そしてローゼンブリュートは、幅広い種類の自然および人工システムにおいて、フィードバックが似た役割を果たしているという認識に至った。そして、ゴール志向的(ある

い は「目的論的」な機械の機能、そしてとりわけ機能不全に関する学際研究の包括的プログラムが、生物で動作している類似の機構の性質について多くを解き明かすだろうという認識に至った。

振舞いの合成に離散数学を応用するフォン・ノイマンの研究プログラムと、振舞いの分析に連続数学を応用するウィーナーの研究プログラムは完全に相補的な試みであり、両者には非常に大きな潜在的重なりがある。たしかに、二つの方法論的アプローチのいずれにおいても、多くの同一の現象を同程度にうまく表現することができ、フォン・ノイマンにとって彼の離散的なオートマトンアプローチの連続版を発展させることは夢の一つであった。

## 戦後

フォン・ノイマンとウィーナーのアプローチの出版後、他の研究者がその基本的なアイデアにさらに取り組んだ。すなわち、それらを拡張し、簡略化し、生命的な振舞いを説明し合成するための別のモデルを提案した。

ジェイムズ・サッチャーはフォン・ノイマンの自己複製CAモデルの簡略版を完成させせた(Thatcher 1970)。E・F・コッドはセル当たり8状態しか用いないバージョンを開発した(Codd 1968)。リチャード・レインは、機械がまず自己点検によって自身の記述を構築し、それからその記述を用いて自身の複製を構築するという、フォン・ノイマン計画の巧妙なバリエーションを示した(Laing 1977)。この後者のモデルはフォン・ノイマンのモデルとは異なり、獲得した特徴をラマルク風に伝播することができる。レインはさらに、彼が人工分子機械と呼んだもの(ある種の「スープ」の中で相互作用する動的な「プログラムテープ」)に基づいた、自己増殖する人工的な生物のシステムを開発した。このモデルは、フォン・ノイマンのCAと運動学的モデルそれぞれの最大の特徴を、一つのシステムの中で結び付けようと試みたものである(Laing 1975)。

他の研究者は様々な基本要素に基づいた自己増殖のモデルを開発した。マイケル・アービブ(Arbib 1966)は、命令を格納したレジスターの集合が各格子点を構成する、自己増殖の二次元格子モデルを開発した。これらのレジスター集合の中身は、隣接する格子点のレジスターへと移すことができる。実際、格子点の全体集合は一斉にその中身を四つの基本方位のいずれか一つへと移してよく、あたかも化学結合によってくっついているように、その中身は強固な単位として移動するのである。

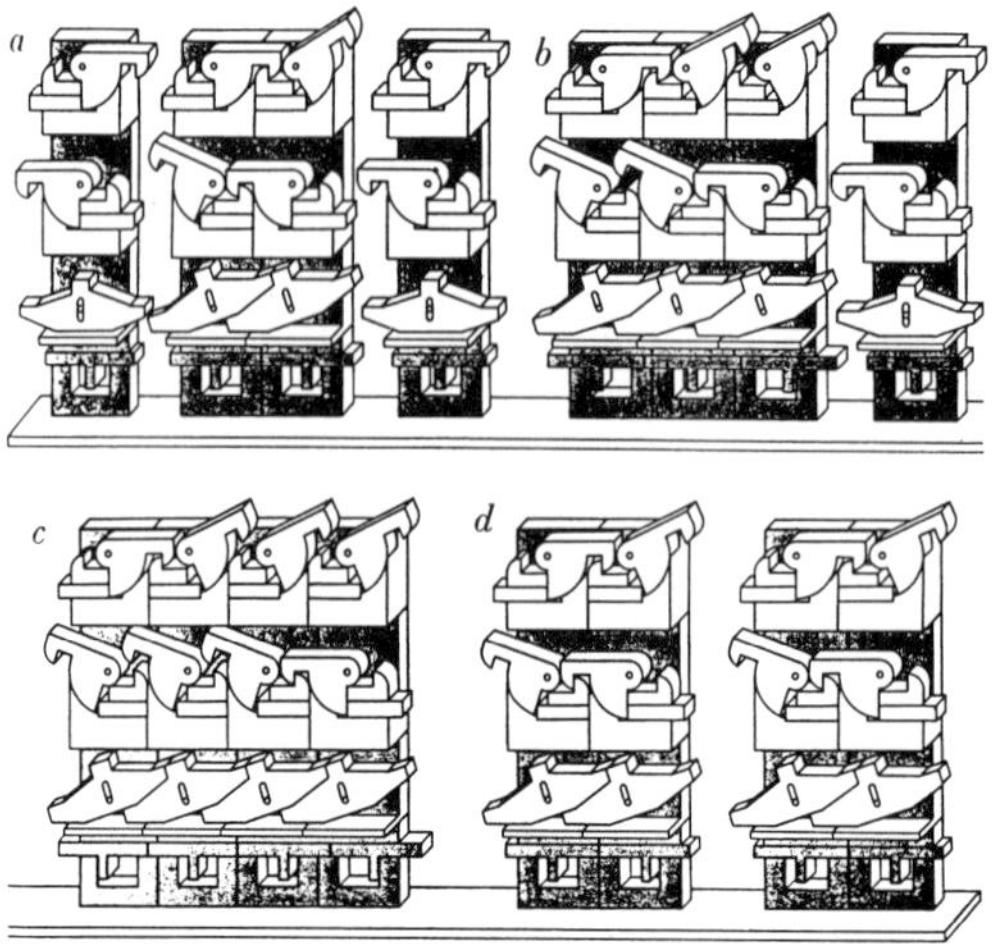

**図 4** 自己増殖を図解するペンローズの装置の一つ.『サイエンティフィック・アメリカン』誌の好意により再掲.

L・S・ペンローズは、ある種の自己増殖を図解する、一連の巧妙な機械モデルを構築した(Penrose 1959)。基本システムは、角度が変わるブロックで満たされた箱によって構成されている。ブロックはフックをもっており、それは他のブロックといくつかの異なる配置でかみ合うことができる。

可能な配置の一つでつながったブロックのペアからなる「シード(種)」が、つながっていないブロックで満たされた箱に置かれ、そしてその箱が勢いよく揺らされたとき、そのシードは残りのブロックがペアとなってつながり、シードと同じ構造を示すように誘発するのである。彼のモデルの一つを**図4**に図示した。

ホーマー・ジェイコブソンは自己増殖する列車の組を構築した(Jacobson 1958)。このモデルでは、連結した車両が連結されていない車両と一緒に楕円形の軌道の周りをカタカタと回る。連結した車両の一組は待避線に停車し、通過する連結していない車両を隣接する待避線へと正しい順序で切り替え導くことで、同じように連結した車両の一組の組み立てを指揮する。いったん組み立てが完了したら、連結した車両の二つの組は楕円の軌道へと再び加わるのである。

**図5**　2匹のグレイ・ウォルターの電子カメの相互作用の模式図.『サイエンティフィック・アメリカン』誌の好意により再掲.

グレイ・ウォルターはエルマーとエルシーと名付けられた電子「カメ」のペアを構築した。それは「自由意志」を示す「生命の模倣」であった(Walter 1950, 1951)。このカメは歩き回り、ほのかな灯りに引き寄せられる一方、明るい灯りからは遠ざかるが[3]、バッテリーが少なくなると明るく点灯する「カメ小屋」へと戻り、充電器に接続し、自身のバッテリーを充電するのである。ウォルターがカメ自身に灯りを取り付けたとき、結果として生じる相互作用のダイナミクスは極めて複雑なものになった(**図5**)。

ウォルターはカメたちをマキナ・スペキュラトリクスと名付けた(訳注3)。彼はこう述べている。

おそらく、これらの機械は動物を模したと言える最も単純なものである。粗削りではあるが、それは目的性と独立性、そして自発性の不気味な印象を与えるものである……。ひょっとしたら人間は称賛すべき創造物の頂点であると自任しているかもしれない。しかし、たとえ我々の生命の模倣が一層正確になったとしても、その驚嘆すべきプロセスに対する嘘偽りのない畏敬の念が減ずることはないであろう。

サミュエルの有名なチェッカーをするプログラムは、自然淘汰による適応に基づいた学習アルゴリズムを組み込んでいた(Samuel 1959)。このプログラムはサミュエルよりも上手にチェッカーをプレイすることを素早く学んだ。ホランド(Holland 1975, 1986)は、自然淘汰による適応の多くの応用例について調査しており、「遺伝的アルゴリズム」として知られる機械学習技法のクラスを提案した。これについては後の「進化」の節でさらに触れる。

もちろん、人工生命における初期の研究の多くは人工知能の祖先でもあった。サミュエルとホランドの研究については間違いなくそうである。その他の共通の祖先には、マカロックとピッツの神経網モデル(McCulloch and Pitts 1943)、ローゼンブラットによるパーセプトロンの研究(Rosenblatt 1962)、そしてミンスキーとパパートによるパーセプトロンに関する書籍(Minsky and Papert 1969)などがある。ウォルター・スタールは、「チューリング・マシンを用いて、生化学物質を文字列表現に変換する

「アルゴリズム的酵素」のモデル化を行う」細胞活動のモデルをいくつか構築した(Stahl and Goheen 1963, Stahl, Coffin, and Goheen 1964)。ある研究では、一つの人工細胞の全体がエネルギー文字列を「代謝させ」、自分自身を複製する(Stahl 1967)。スタールはセル・オートマトンに関する解決不可能な問題についても調べた(Stahl 1965)。

一九六〇年代の終わり、アリスティッド・リンデンマイヤーは、今では単純にLシステムとして知られている、発達における細胞相互作用の数理モデルを導入した。これらの比較的単純なモデルは際立って複雑な成長の履歴を示すことができ、細胞間のコミュニケーションと分化の機能をもつものである。多くの応用例が、とりわけ植物の枝分かれ構造の成長をモデル化する中で見つかった。Lシステムのいくつかの単純な例は「再帰的に生成される物体」の節、および、本稿所収プロシーディングス(講演論文集)(Langton 1989)へのリンデンマイヤーによる寄稿(Lindenmayer and Prusinkiewicz 1988)の中でも提示されている。

一九七〇年以降、マイケル・コンラッドと多彩な共同研究者たちは、人工生態系の中の適応や進化、そして個体数動態の研究のための、ますます洗練された一連の「人工世界」モデルを開発している(Conrad and Strizich 1985, Rizki and Conrad 1986を見よ)。後期のモデルは、システムの創発的な特性として、個体の適応度に着目している。

計算のテクノロジーの爆発的な進歩の中で一つの残念な結果は、もともとは自然のプロセスをモデル化する試みの中でなされた発見であるのに、その発見に対する実用的な用途の開発にますます多くのエネルギーが投入されるにつれ、そもそもこれらの発見につながった種類の研究に投入されるエネルギーが少なくなっていったという点である。

かくして、チョムスキーの形式言語理論はプログラミング言語の仕様記述とコンパイラー開発に応用された。セル・オートマトンは画像処理の課題へと応用され、概して、自然の探求から得られた根源的産物について実用的な用途の開発が好まれる中で、自然の探求は脇に追いやられた。結果として、コンピューターに基づく生命の研究を含む初期の大きな動きは後退し、様々な孤立した研究の「潮だまり」を後に残すこととなった。それらの大部分は個々の研究者の粘り強さによって踏みとどまったものである。彼らは工学的な視点から見て、より実用的な何かを大いにやることで生計を立てたのである。

一九七〇年代中頃からつい最近にかけて、生命システムのコンピューターに基づくモデルに関して相当な量の研究があるが、こうした研究の多くは多種多様な学問分野の個別領域内において、同様の研究活動からは概して孤立した形で行われている。これらの学問領域の境界を越えた成果の伝播は、遅いか、あるいは存在しない。さらに、生命的な振舞いを生み出しはするものの、自然の生命がもつある特定の側面をモデル化しないようなモデルは、奇妙なものとして扱われた。それらは確かに興味深いものではあるが、しかし、科学的な妥当性という点では疑問の余地がある、ということである。そのようなシステムが、それ自体として、研究に値するかもしれない、可能な生命の研究は、実際の生命の研究として、あらゆる点で生命の科学的理解に関連するかもしれない、という一般的な認識はなかった。その代わりに、個々の研究者は自身の個人的な関心から、自身の個人的な時間を用いて、そして(最近では)自身のコンピューターを用いて、そうしたモデルを追求してきた。

これらの探求の多くは、マーティン・ガードナーによって『サイエンティフィック・アメリカン』誌のコラム「数理ゲーム」の中で、より広い科学コミュニティに向けて報告された。そうしたシステムの中で注目に値する一つは、ジョン・コンウェイの「ライフ・ゲーム」である(Gardner 1970, 1971)。このシステムでは、一つのセルはそれに隣接する八つのセルのうちちょうど三つが「オン」の場合に「オン」に切り替わり、隣接セルの二つ、ないしは三つが「オン」である限り、「オン」の状態を維持する。それ以外の場合は「オフ」に切り替わる。このCAシステムは広く研究が行われている(Berlekamp, Conway, and Guy 1982, Poundstone 1985)。配置の多くはそれ自身の生命をもっているように見える。おそらく、最も際立った単一の構造はグライダーとして知られているものだろう。これは周期4をもつ準周期的な配置で、固定されたセル格子に対して斜め方向に自分自身を移動させていく(図6を見よ)。

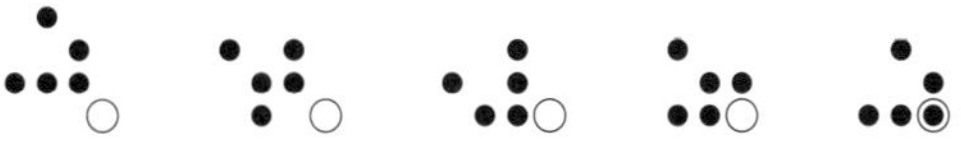

**図6**　固定されたセル(○)に対して伝播するグライダー

グライダーはCAにおける伝播構造の一般クラスの一例である。これらの伝播情報構造は事実上の単純な機械、つまり仮想機械であり、それらは非常に多くのアリのように格子上を這いまわり、他のそうした機械や格子配列の中のより受動的な構造と相互作用する。彼らの振舞いは、さまよいながら出会う他の構造(他の伝播構造を含む)を認識して変化させる能力をもつという点で、生体分子、中でも酵素の活動を思い起こさせる(Langton 1987)。

マーティン・ガードナーが引退して以降、A・K・デュードニーは『サイエンティフィック・アメリカン』誌のコラム「コンピューター・レクリエーション」の中で、人工生命の研究を報告する使命を受け継いでいる。報じられたシステムの多くは最初は単純なコンピューターゲームと受け止められたが、例えば、コア・ウォー(Dewdney 1984a, 1985a, 1987a)、Wa-Tor(Dewdney 1984b)、Flibs(Dewdney 1985b)、3D-LIFE(Dewdney 1987b)といったいくつかは、生命的な振舞いのボトムアップの決定を含んでおり、より本格的な研究に値するものである。

他にも多くの研究について議論できるが、我々は現在、つまりこの領域の現状にたどり着いてしまった。そもそも、このプロシーディングス(Langton 1989)は全体としてそれを再考することを目的としている。したがって、ここでの史的概観は以下の要約で終わりにすることにしよう。

## 複雑な振舞いの根源

有史時代の始まりから、人は生き物の模造品を作ろうとしてきた。初期の試みが生き物の「形」を彫像や絵画で捉えるものだったのに対して、後の試みは隠された機構を用いることで、これらの静的な形に「生命を吹き込む」ことを目指すものだった。

「生きている」人工物を作る試みの歴史から、人工物を作り上げるための材料は重要ではないことは極めて明白である。問題とすべきはモデルの動的な振舞いであった。捉えがたい聖杯とは、それを構成する材料が何であるかにかかわらず、生き物のように振る舞う機構の構築であった。

とくに時計仕掛けのオートマトンの長い歴史の中で、より本格的な試みのほとんどは、モデルの動的な振舞いを担当するある種の中核的「プログラム」を含んでいた。順序通りにレバーを動かすペグの付いた回転ドラムであれ、モーターが駆動するカムの一式であれ、何らかの他の機構であれ、オートマトンが踊りを合わせる旋律は中央制御装置から「コール」された。

そこにこれらのモデルの失敗の原因がある。私見では、それは後の複雑系のモデル化のプログラム全体の失敗の原因であり、人工知能研究における大半の研究に至るまでの(そしてとりわけそれらを含む)失敗である。生命や知性のような複雑系をモデル化するための最も期待できるアプローチは、中央集権化された大域的な制御装置という考えを捨て去り、代わりに、振舞いの分散型制御の機構に焦点を当てることである。

## 生物的オートマトン

有機体は、極端に複雑で精密に調整された生化学機械と比べられてきた。機械の論理形式をその物理的ハードウェアから抽象できることを我々は知っているので、有機体の論理形式をその生化学的ウェットウェアから抽象できるか問うことは自然なことであろう。人工生命という分野はこの問いの探求に専心するものである。

以下の節では、生きているシステムにおいて、振舞いがボトムアップに生成されるやり方について見ていく。その後、この振舞い生成を実現する機構を一般化することで、それらを人工システムにおける振舞い生成のタスクへと適用できるようにする。

生物の本質的な機構は我々自身が発明する機構とは相当異なっており、そして抽象的な機械についての先入観を、我々は誤って生命の機構に無理に当てはめようとしていたことを、知ることになるだろう。繰り返せば、その差異は生命の機構の働きの極めて並列的で分散した性質にある。それは、我々が発明した機械がもつ、著しく逐次的で中央集権化された制御構造と対照的である。

## 遺伝子型と表現型

生きているシステムの最も際立った特徴は、振舞いの生成という観点から言えば、遺伝子型/表現型の区別である。この区別は本質的に機械装置の仕様(遺伝子型)とその振舞い(表現型)の間のものである。

**遺伝子型**とは、有機体のＤＮＡを構成するヌクレオチド塩基の直鎖状配列にコード化された、遺伝的命令の一式である。**表現型**とは、ある特定の環境の文脈の中で遺伝子型が翻訳された結果として時空間に創発する、物理的な有機体それ自身である。遺伝子型の指示の下で表現型が時とともに発達する過程は**形態形成**と呼ばれる。個々の遺伝的命令は**遺伝子**と呼ばれ、ＤＮＡの短い連鎖によって構成される。これらの命令は、そのＤＮＡが転写のための鋳型として用いられるときに「実行される」(あるいは**発現される**)。タンパク質の合成の場合、転写は、メッセンジャー**ＲＮＡ**(あるいは**ｍＲＮＡ**)として知られる塩基対合過程が作る二重ヌクレオチドらせん構造をもたらす。その後、このｍＲＮＡらせん構造は(核から)細胞質へと移動する前に何らかの形で修飾され、細胞質の中のリボソームとして知られる構造体で**アミノ酸**の線状鎖を作る鋳型としての役目を果たす。結果として生じるポリペプチド鎖は、何らかの複雑なやり方で畳み込まれ、タンパク質として知られるしっかりと詰まった分子を形成する。完成したタンパク質はリボソームから分離し、細胞の中で構造要素としての受動的な役目を果たすか、あるいは酵素としてより能動的な役割を担う。酵素は生命の論理構造における機能性分子「演算子」そのものである。

遺伝子型はおおむね順不同に命令が入った「袋」と考えることができる。一つ一つの命令は実質的に、ある種、能動的あるいは受動的な「機械」についての仕様である。そうした各機械は実体化されることで、主に他の機械との局所相互作用から成る、細胞質内で進行中の論理的な争いに参入する。各命令は、それ自身の引き金となる条件が満たされると「実行され」、細胞内の構造に対して、特定の局所的な効果を発揮する。さらに、各命令は実行された(あるいは実行中の)他のすべての命令の文脈の中で動作するのである。

さて、表現型は、この遺伝的命令の入った袋によって制御される並列的で分散的な「計算」が実行される中で、時とともに創発する構造とダイナミクスによって構成される。遺伝子同士の相互作用は高度に非線形であるので、表現型は遺伝子型の非線形関数であり、そしてその非線形関数に与えられた名称とは「発達」である。

## 一般化された遺伝子型と表現型

人工生命の文脈においては、遺伝子型と表現型という概念を一般化する必要がある。そうすることで、非生物的な状況にもそれらを適用できるようになるのである。低レベルのルールのおおむね順不同の集合に言及する際には、いかなるものであれ一般化遺伝子型、あるいは**GTYPE**という用語を用いることにする。そして、何らかの特定の環境の中でそれらが活性化されたときに、これらの低レベルのルールの間の相互作用から創発する振舞いと構造の両方、またはいずれか一方について言及する際には、一般**化表現型**、あるいは**ＰＴＹＰＥ**という用語を用いることにする。

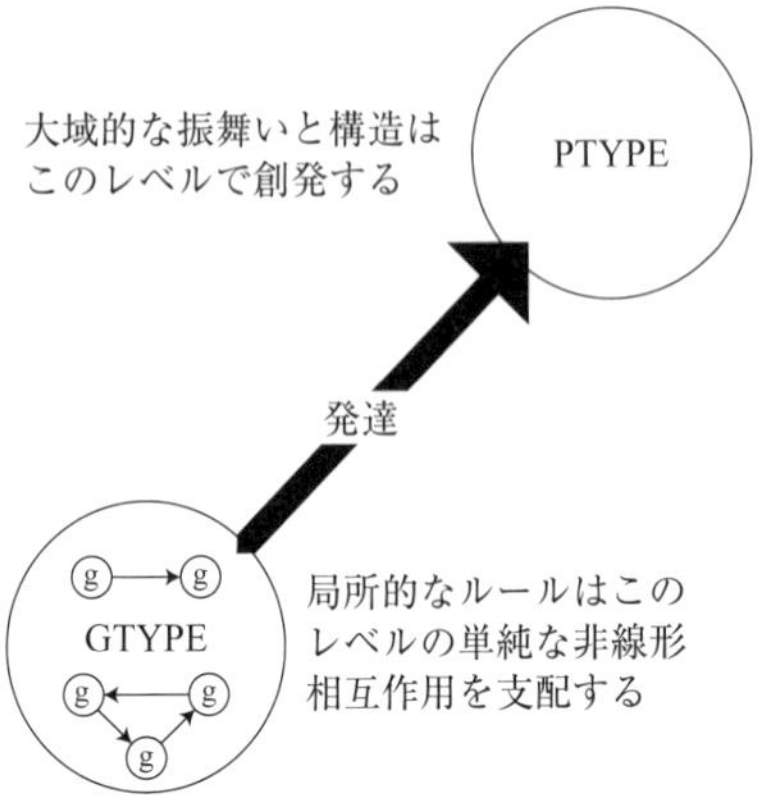


**図 7**　GTYPE と PTYPE の間の関係

ＧＴＹＰＥが本質的には機械一式についての仕様である一方で、ＰＴＹＰＥとは特定の環境の文脈の中で、機械が互いに相互作用した結果として生じる振舞いである。これは振舞い生成へのボトムアップのアプローチである。何らかの実体の集合が定義され、各々の実体には単純な振舞いのレパートリーに関する仕様（ＧＴＹＰＥ）が与えられる。これは他のそうした実体、あるいは環境の特定の特徴との幅広い局所的な出会いへの反応を詳述する命令を含んでいる。実体の集合全体としての振舞いはどこにも指定されない。集合体の大域的な振舞い、つまりＰＴＹＰＥは、個々の実体の集団的相互作用から創発するのである。

注目すべきはＰＴＹＰＥが複数レベルの現象であるということである。一つ目として、特定の命令一つ一つに関連するＰＴＹＰＥが存在する。これは、それが表現されたときに、命令が実体の振舞いに対してもつ効果である。二つ目として、個々の実体に関連するＰＴＹＰＥが存在する。これは、集合体の中でのその個別の振舞いである。三つ目として、全体としての集合体がもつ振舞いに関連するＰＴＹＰＥが存在する。

これは自然のシステムにおいても同様に真である。特定の遺伝子に関連する表現型形質について話題にすることができ、個々の細胞の表現型を特定することができ、そして多細胞有機体丸ごと（要するにその体）の表現型を特定することができる。ＰＴＹＰＥは複合的かつ多層的であるべきなのである。もし生命をシミュレートしたいと望むならば、シミュレーションの中に階層的な構造が創発するのを見ると期待すべきだろう。一般に、有機体全体のレベルの表現型形質は遺伝子間の多くの非線形相互作用の結果であり、表現型形質の大部分を担う遺伝子単体というものは存在しない。

まとめると、ＧＴＹＰＥとは挙動子にとっての低レベルのルールである。すなわち、「機械」の抽象的な仕様であり、それは他の挙動子からなる大きな集合体内での局所的な相互作用に関与するのである。ＰＴＹＰＥとは挙動子である。すなわち、時空間における構造であり、それはこれらの非線形で局所的な相互作用から発達するものである（図７）。

## ＧＴＹＰＥからＰＴＹＰＥへの予測不可能性

ＧＴＹＰＥによって指定される物体間の非線形相互作用は、可能なＰＴＹＰＥがもつ極めて豊かな多様さの基盤を提供する。ＰＴＹＰＥは、低レベルのルール間の可能な相互作用の集合の中に暗に存在する、溢れるほどの組み合わせの可能性を利用する。しかし、逆の見方をすれば、特定の初期構造が与えられた際に、特定のＧＴＹＰＥから創発するＰＴＹＰＥを予測することができない。もし予測可能性という特性を保持したいと願うならば、ＰＴＹＰＥのＧＴＹＰＥに対する非線形な依存を厳しく制限しなければならないが、これは可能なＰＴＹＰＥの組み合わせの豊かさを諦めることを余儀なくさせる。それゆえに、振舞いの豊かさと予測可能性の間にはトレードオフが存在するのである。

先に議論したように、一般的な場合において、十分にパワフルなコンピューターの未来の振舞いがもつ非自明な特性は、どれ一つとして単にそのプログラムと初期状態のみを見ただけで決定することはできないことがわかっている(Hopcroft and Ullman 1979)。チューリング・マシン(汎用コンピューターの形式的な等価物)は、GTYPEとしての機械の遷移表と、PTYPEとしての結果的に生じる計算を特定することによって、GTYPE/PTYPEシステムの体系内で捉えることができる。ここから、一般的な場合において、特定の初期配置の文脈の下で、与えられたGTYPEから創発するであろうPTYPEの非自明な特徴は、どれ一つとして見ただけによって決定することはできない、と演繹することができる。一般に、PTYPEについて何かを明らかにする唯一の方法は、システムを始動して、GTYPEの制御下でPTYPEが発達する際に何が起こるのかを観察することである。

同様に、一般的な場合において、PTYPEに望ましい変化をもたらすために、GTYPEにどのような特定の変化を加えなければならないかを提示することは不可能である。問題は、あらゆる特定のPTYPE形質が、一般に、システムにおける振舞いの基本要素間の非常に多くの非線形相互作用の結果である、という点である。結果的に、PTYPEの任意の変化が提示されたとき、いかなる形式的手続きによっても、その変化(そしてその変化のみ)を達成するために、どのような変化をGTYPEに加えなければならないかを正確に決定することは不可能かもしれない。それは事実上計算可能な問題ではないのである。答えを計算する方法は、全探索はともかくとして、存在しないのだ。**たとえ答えがあるにしても!**

そのような予測不可能性の帰結に向き合う中で、前に進む唯一の方法は試行錯誤しかない。しかし、いくつかの試行錯誤のプロセスは他のものよりも効率的である。自然淘汰による進化のプロセスの下ではエラーが試行の選択を導くように、自然システムでは試行とエラーは連関している。これが特定のPTYPE形質をもつGTYPEを見つけることができる唯一の効率的で一般的な手続きである可能性は非常に高い。

## 再帰的に生成される物体

前の節では、遺伝子型と表現型の区別について述べ、その一般化をGTYPEとPTYPEという形で導入した。この節では、再帰的に生成される物体の方法論に基づいてGTYPE／PTYPEシステムを構築する、一般的なアプローチを見ていく。

このアプローチの大きな魅力は、それがGTYPEとPTYPEの区別から自然に出てくることである。すなわち、局所的な発達のルール(再帰的な記述そのもの)がGTYPEを構成していて、発達していく構造(再帰的に生成される物体や振舞いそのもの)がPTYPEを構成しているのである。

再帰的に生成される物体の方法論では、「物体」とは下位部品をもつ構造のことである。システムのルールは、最も基本的な下位部品である「原子的」な下位部品をどのように改変するか指定しており、大抵の場合、原子的な下位部品が埋め込まれている文脈に依存している。つまり、原子的な下位部品を改変するためにどのルールを適用するかを決定する際に、その下位部品の「近傍」を考慮に入れる。大抵の場合システムには、文脈としてシステム全体の構造をとるルールは存在しない。すなわち、大域的な情報を使用することはない。各部分は、自分自身の状態と、「近くにある」部分の状態だけに基づいて改変されることになる。

もちろん、最初の構造が一つの部分だけでできているなら(これは初期シードの場合にありうることだが)、これにルールを適用するときの文脈は必然的に大域的となる。通常の状況であれば、構造は多数の部分でできていて、その構造のどの下位部品の改変に使うルールも、そのうちの局所的な部分集合だけで決定される。

再帰的に生成される物体は、よってPTYPEの一種となり、生成を行う再帰的な記述はGTYPEの一種となる。このPTYPEはGTYPEの動作のもとで創発し、形態形成の過程で時間とともに発達していく。

この再帰的に生成される物体という概念を、Lシステム、セル・オートマトン、コンピューター・アニメーションの文献からとった例を挙げて説明していく。

## 例1：リンデンマイヤー・システム

リンデンマイヤー・システム(Lシステム)は、記号列を書き換えるルールの集合でできており、チョムスキーが扱った形式文法と強い関係がある。再帰的に生成される物体の方法論を例証する、Lシステムのいくつかの例を以下に挙げる(より詳しい概説としては、このプロシーディングスの中のリンデンマイヤーとプルシンキェヴィッツの論文(Lindenmayer and Prusinkiewicz 1988)を見よ)。

1） A → CB
2） B → A
3） C → DA
4） D → C

**図 A1**

| 時刻 | 構造 | 適用したルール（左から右へ） |
| --- | --- | --- |
| 0 | A | 初期「シード」 |
| 1 | C B | ルール 1 で A を CB に置換 |
| 2 | D A A | ルール 3 で C を DA に置換 & ルール 2 で B を A に置換 |
| 3 | C C B C B | ルール 4 で D を C に置換 & ルール 1 で 2 つの A を CB に置換 |
| 4 | …（続く）… | |
| | 以下同様 | |

**図 A2**

以降「X→Y」とは、構造の中に現れるすべての記号「X」を記号列「Y」に置き換えることを意味する。記号「X」は、ルールによっては左辺だけではなく右辺にも登場することがあり、その一組のルールは新しく書き直された構造に対して「再帰的に」適用することができる。このプロセスは無限に続けることができるが、ルールの組によっては、これ以上の変化が起こらない「最終的な」配置にいたることもある。

## 単純な線形成長

最も単純な種類のLシステムの例を挙げる。ルールは文脈自由、つまりある特定の部分が置かれている文脈は、その部分を変化させるときに考慮されない。システムが決定論的であるためには、各部分につきルールはただひとつでなくてはならない。

そのルール（「再帰的な記述」もしくはGTYPE）は**図A1**の通りである（図A1―図A10はこの邦訳で追加した図番号であり原文にはない）。初期シード構造「A」に適用した場合には、**図A2**のような構造の変遷が発達することになる（各行は各時間ステップに対応する）。

1） A → C[B]D
2） B → A
3） C → C
4） D → C(E)A
5） E → D

**図 A3**

| 時刻 | 構造 | 適用したルール(左から右へ) |
|---|---|---|
| 0 | A | 初期「シード」 |
| 1 | C[B]D | ルール　1 |
| 2 | C[A]C(E)A | ルール　3, 2, 4 |
| 3 | C[C[B]D]C(D)C[B]D | ルール　3, 1, 3, 5, 1 |
| 4 | C[C[A]C(E)A]C(C(E)A)C[A]C(E)A | ルール　3, 3, 2, 4, 3, 4, 3, 2, 4 |

**図 A4**

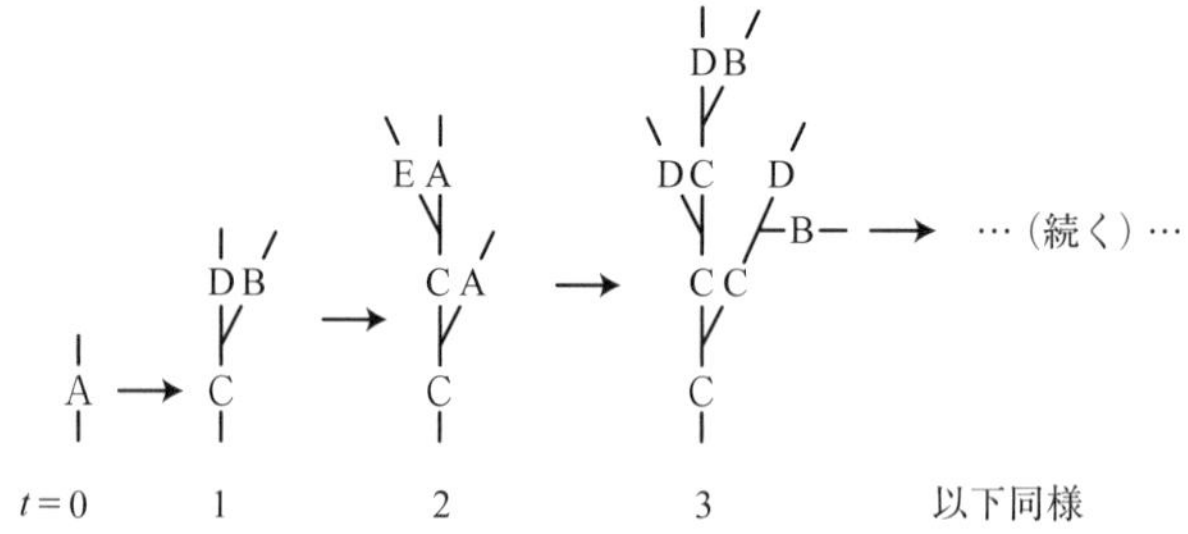


**図 A5**

単純で局所的な書き換えのルールを、このように再帰的に適用して創発する「PTYPE」は極めて複雑になりうる。この種の文法(一つの記号を置き換えるルール)は、有限状態機械の動作と等価であることが示されている。適切な制限があれば、チョムスキーによって定義された「正規言語」とも等価となる。

**分岐する成長**

Lシステムは分岐点を表現するためにメタ記号を組み込んでおり、メインの「幹」から新しい記号の系列が分岐していくことが可能である。

以下の文法は分岐していく構造を作り出す。（ ）と［ ］という記法はそれぞれ左と右の分岐を示しており、それらの内側の記号列はその分岐自身の構造を示している。そのルール、すなわちGTYPEは**図A3**の通り。開始する構造として「A」に適用すると、**図A4**の系列が発達する。（線形記法を使っている。）二次元では、構造は**図A5**のように発達していく。各ステップにおいて、すべての記号が置き換えられる（自分自身のコピーによってでしかないとしても）ことに注意。これによって、あらゆる種類の複雑な現象、例えば次の例で示すような、構造に沿った信号伝播などが可能となる。

### 信号伝播

構造に沿って信号を伝播させるためには、ルールの左辺にただ一つの記号以上の何かがなければならない。左辺に一つより多くの記号があるとき、ルールは文脈依存となる。すなわち、記号が生じる場所の「文脈」（隣接している記号）が、置き換える記号列が何になるかを決めるのに重要となる。次の例は、なぜこれが信号伝播に決定的に重要なのかを例証している。

以下の例において、｛ ｝の中の記号（もしくは記号列）が置き換えられるもので、左辺の残りは文脈、そして「と」は記号列の左右の終端をそれぞれ示している。ルールの組が**図A6**のルールを含んでいるとしよう。これらのルールのもとでは、初期構造「*CCCCCC」は、**図A7**のように、「*」が右へと伝播されていく結果となる。

これは記号の「文脈」を考慮に入れなければ、可能にならなかっただろう。一般にこのような種類

1）　[{C} → C　記号列の左端の「C」は「C」のまま
2）　C{C} → C　左に「C」がある「C」は「C」のまま
3）　*{C} → *　左に「*」がある「C」は「*」になる
4）　{*}C → C　右に「C」がある「*」は「C」になる
5）　{*}] → *　記号列の右端の「*」は「*」のまま

**図 A6**

| 時刻 | 構造 |
|---|---|
| 0 | *CCCCCCC |
| 1 | C*CCCCCC |
| 2 | CC*CCCCC |
| 3 | CCC*CCCC |
| 4 | CCCC*CCC |
| 5 | CCCCC*CC |
| 6 | CCCCCC*C |
| 7 | CCCCCCC* |

**図 A7**

の文法は、左辺と右辺の記号列の種類に制限があるかないかによって、チョムスキーの「文脈依存」言語、もしくは「チューリング」言語と等価となる。

信号伝播の能力は極めて重要である。というのも、それによって任意の計算論的なプロセスを構造に埋め込むことが可能となるからであり、それが構造の発達に直接的に影響することもあるからである。次の例は、埋め込まれた計算がどのように発達に影響しうるのかを示すものである。

## 例２：セル・オートマトン

単純なルールの集合を、再帰的に構造に適用する別の例として、セル・オートマトン（ＣＡ）がある。ＣＡにおいて更新されていく構造は、ここでの全宇宙である、有限オートマトンの格子である。局所的なルールの集合、すなわちＧＴＹＰＥは、この場合、格子上にあるすべてのオートマトンが同じように従う遷移関数である。各オートマトンの状態を更新する際に考慮する局所的な文脈は、すぐ隣にあるオートマトンの状態である。オートマトンの遷移関数は、単純で離散的な時空間の宇宙での局所的な物理法則を成している。この宇宙は、局所的な物理法則を構造の各「セル」に何度も適用することで更新される。したがって、物理的な構造そのものは時間と共に発達していかないが、状態は発達していくのである。

ルールの局所近傍条件に対する文脈依存性によって情報が宇宙の中で「意味をもって」伝播してまわるようにすることで、このような宇宙の中にあらゆる種類のプロセスを埋め込むことができる。とりわけ、汎用コンピューターの埋め込みが可能となる。これらのコンピューターは単に、オートマトンの格子の中での状態の特定の配置にすぎないので、**コンピューターを構成しているまさにその記号の集合に対して計算をすることができてしまう**。したがって、この宇宙での構造、すなわちPTYPEは、他の構造を計算して構築することができ、その構築された構造もまた計算し構築をすることがありうるのだ。

例えば、**図A8**は知られている中で最も単純な、自分自身を複製できる構造である(4)。それぞれの数字は格子にあるオートマトンの状態である。空白の場所は、状態「0」であると仮定している。状態「2」は、状態「1」のデータ経路のまわりに鞘を形成している。状態のペア「7 0」と「4 0」は、データ経路の中に埋め込まれた信号を構成している。これらはループを反時計回りに伝播していき、ループと尻尾の間のT字路を通過するとき、自分のクローンを作り、伸びている尻尾の方にそれが伝播していく。その信号が尻尾の先まで到達すると、以下のような効果を発揮する。各「7 0」信号は尻尾を一ユニットだけ伸ばし、二つの「4 0」信号は尻尾の先に、左に曲がる角を構築する。したがって、ループの周りにある指示のまるまる一周分によって、「子どもループ」の新たな一つの辺と角が構築される。四周した後、ついに尻尾が自分自身に行き当たると、信

```
  2 2 2 2 2 2 2 2
2 1 7 0 1 4 0 1 4 2
2 0 2 2 2 2 2 2 0 2
2 7 2         2 1 2
2 1 2         2 1 2
2 0 2         2 1 2
2 7 2         2 1 2
2 1 2 2 2 2 2 2 1 2 2 2 2 2
2 0 7 1 0 7 1 0 7 1 1 1 1 1 2
  2 2 2 2 2 2 2 2 2 2 2 2 2
```

**図 A8**

```
                2
              2 1 2
              2 7 2
              2 0 2
              2 1 2
  2 2 2 2 2 2 2 7 2       2 2 2 2 2 2 2 2
2 1 1 1 7 0 1 7 0 2   2 1 7 0 1 4 0 1 4 2
2 1 2 2 2 2 2 2 1 2   2 0 2 2 2 2 2 2 0 2
2 1 2         2 7 2   2 7 2         2 1 2
2 1 2         2 0 2   2 1 2         2 1 2
2 4 2         2 1 2   2 0 2         2 1 2
2 1 2         2 7 2   2 7 2         2 1 2
2 0 2 2 2 2 2 2 0 2   2 1 2 2 2 2 2 2 1 2 2 2 2 2
2 4 1 0 7 1 0 7 1 2   2 0 7 1 0 7 1 0 7 1 1 1 1 1 2
  2 2 2 2 2 2 2 2 2     2 2 2 2 2 2 2 2 2 2 2 2 2
```

**図 A9**

号の衝突が起こることによって二つのループが切り離され、さらに各々のループにおいて尻尾が構築される。

一五一時間ステップ後、このシステムは**図A9**のような配置へと変化する。このようにして、この初期配置は自分自身の複製に成功した。

それぞれのループは、同じように自分自身の複製を続けていき、それによってループのコロニーの拡大が起こり、ループの隊列へと成長していく。**図A10**(1)―(8)に、一つの初期ループからのループのコロニーの発達を示している(詳細はLangton 1984, 1986を見よ)。

これらの埋め込まれた自己複製ループは、シードの構造に対してルールを再帰的に適用した結果である。この場合、再帰的に適用されている基本的なルールは、この宇宙の「物理法則」を成している。再帰的に適用されるこの宇宙の物理法則のもとで、ループの初期状態そのものが小さな「コンピューター」を構成しており、それはそのプログラムによって自分自身の複製を作り上げるコンピューターなのである。このループ・コンピューター内の「プ

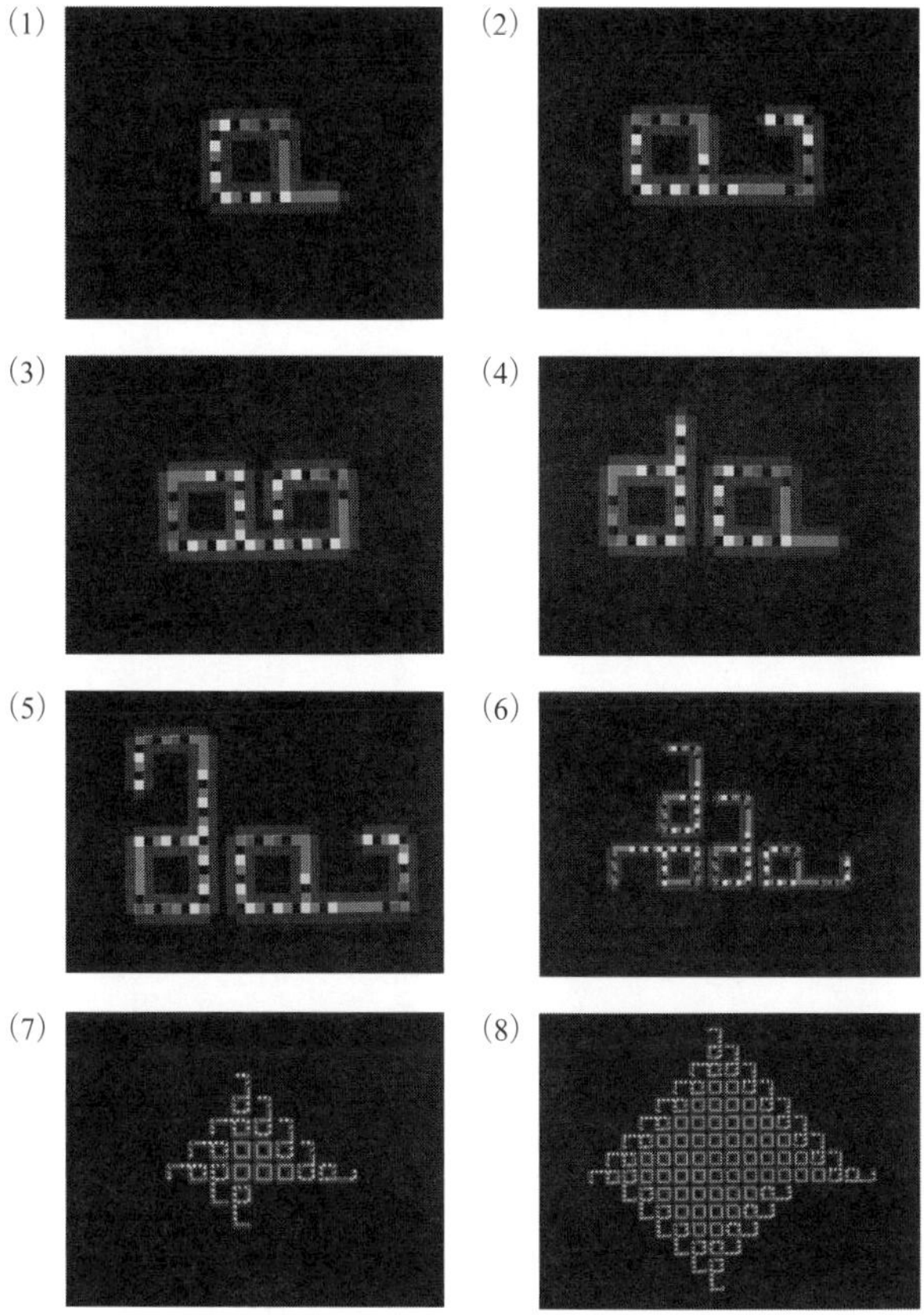

**図 A10**〔原図はカラーだがモノクロで掲載した〕

ログラム」は、成長していく構造にも再帰的に適用される。したがって、このシステムは実のところ、再帰的に適用されるルールの二重のレベルを含んでいるのだ。ある再帰的なルールを、別の再帰的なルールによって支配されている物理法則をもつ宇宙内で適用する機構は、試行錯誤によって見出すしかない。このシステムでは、受動的なシードを構造へと発達させる直接的要因である「物理法則」ではなく、信号伝播の能力を利用することで、結果として生じる構造を自分自身で計算するような構造を埋め込んでいる。

これは、自然での発達で起こっていることの雰囲気を捉えている。すなわち、遺伝子型のコードによって細胞内での動的なプロセスが構成されること、そしてこの動的なプロセスによって、発達の過程における遺伝子型の発現の媒介、もしくは「計算」が、主に引き起こされているということである。

## 例3：コンピューター・アニメーション

これまでの例は、主に構造的なＰＴＹＰＥの成長と発達に関連していた。ここでは振舞いのＰＴＹＰＥの発達の例を挙げる。

クレイグ・レイノルズは、群れの振舞いのシミュレーションを実装した(Reynolds 1987)。このモデルは、定性的には同じ現象である、鳥の群れ、動物の群れ、魚の群れを研究するための一般的なプラットフォームとして意図されたもので、自律的だが相互作用は行う物体(これをレイノルズは「ボイド」と呼んでいる)の大群が、シミュレーションされた共通の環境に生息しているものである。

このモデルを作る人は、個々のボイドが局所的な出来事や条件にどのように反応するかを指定することができる。ボイドの集合体の大域的な振舞いは厳密に創発的な現象となっていて、個々のボイドに対するどのルールも大域的な情報には依存していないし、大域的な状態は個々のボイドの局所的な条件に対する反応に基づいたもののみによって更新される。

集合体内の各ボイドは、振舞いにおいて同一の「傾向」を共有しており、それは次のものである。

1 他のボイドを含む、環境内の他の物体からある最小限の距離を保とうとする。
2 近傍にあるボイドと速度を一致させようとする。
3 知覚された近傍にあるボイドの重心に向かって動こうとする。

これらが、集合体の振舞いを支配しているルールのすべてである。

そういうわけでこれらのルールは、ボイド・システムの一般化された遺伝子型(GTYPE)を構成している。このルールは構造や、成長と発達については何も言っていないが、相互作用する物体の集合の振舞いを決定し、そこからとても自然な動きが創発するのだ。

システムのパラメータを正しく設定すると、ある体積の中でランダムな位置から放たれたボイドの集まりは動的な群れへと集まっていき、環境にある障害物を、とても滑らかで自然なやり方でよけて飛んでいき、時には群れが部分群へと分裂し障害物の両側に回り込んで流れていく。いちど部分群へと分裂すると、その部分群は今や別々に分離している自分自身の重心のまわりで再組織化していき、それらがひとつの群れへと再統合することになるのは、両方の部分群が障害物の向こう側に現れ、それぞれの部分群がもう片方の部分群の「質量」をあらためて感じたときだけである(**図8**)。

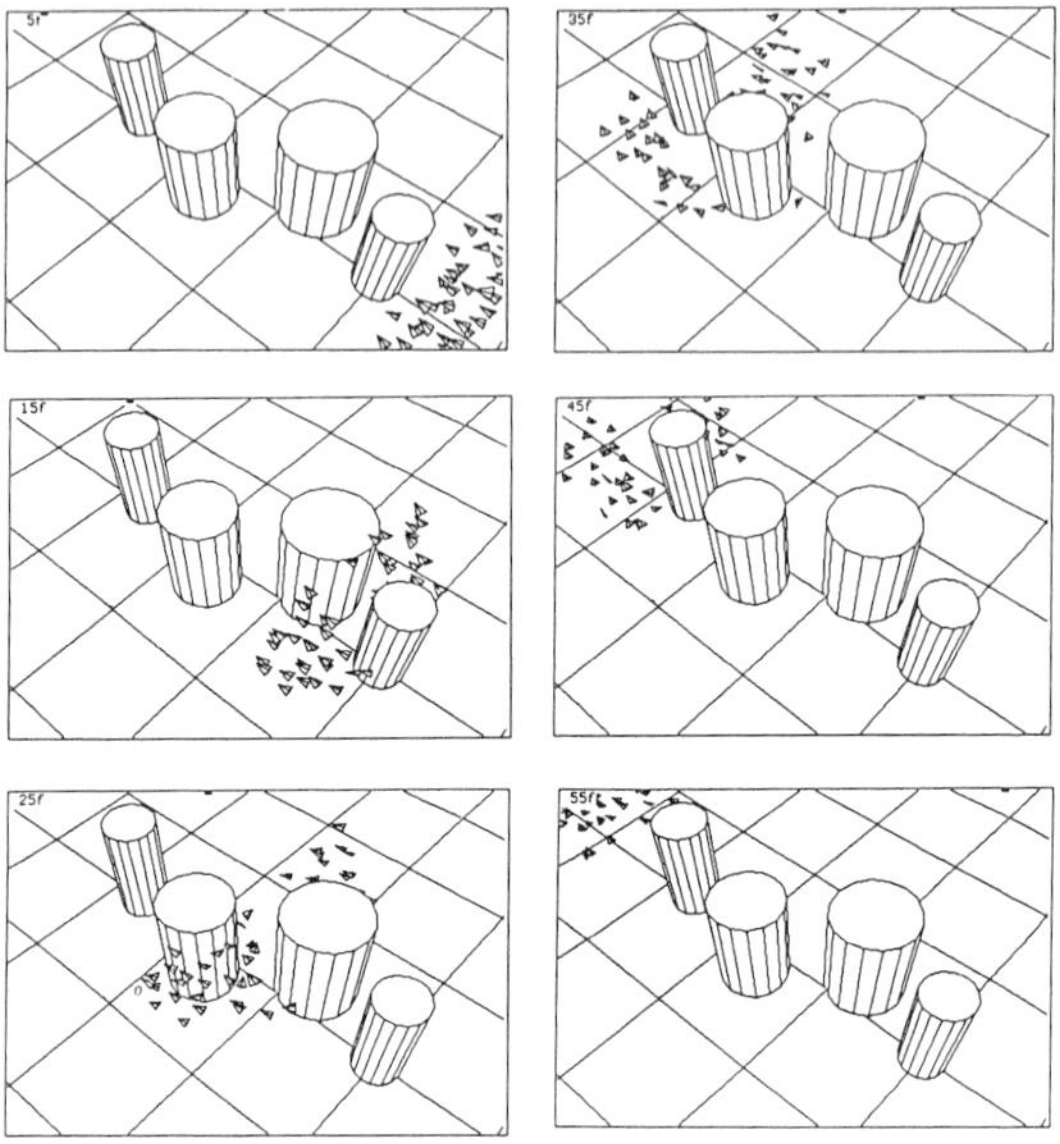


**図8**　柱が置かれた場所を通り抜けていく「ボイド」の群れ. 一連のものはクレイグ・レイノルズによって生成された.

群れの振舞いそのものが、ボイド・システムにおける一般化された表現型(PTYPE)を構成している。これは、有機体の形態学的な表現型が分子的な遺伝子型に対してもっているのと同じ関係性を、GTYPEに対してもっている。機械の仕様と、機械の振舞いの間の同じ区別についても、明白である。

## 例の考察

ここまでのすべての例で、再帰的なルールは局所的な構造のみに適用されており、大域的なレベルで生じるPTYPEは、構造、振舞いのどちらの場合でも、すべての局所的な活動をまとめたものから創発している。システムのどこにも、大域的なレベルでのシステムの振舞いについてのルールは存在しない。AIで典型的に採用されている複雑な振舞いを生成するためのアプローチでは、例えば「エキスパートシステム」が大域的な振舞いのために大域的なルールを与えようとすることと比較すると、これは、ずっと強力で単純なアプローチである。典型的な「トップダウン」による仕様と比べると、再帰的で「ボトムアップ」な仕様によって、大域的なレベルでのより自然で滑らかで柔軟な振舞いを生み出しており、さらにそれをはるかに倹約的に行っている。

GTYPE／PTYPEシステムでの文脈依存的なルールによって、部分の間での非線形相互作用が可能になっていることは、言及しておく価値があるだろう。文脈依存性がなければシステムは線形に分解可能となり、情報がシステムじゅうをなにかしらの意味をもって「流れる」ことはできなかっただろうし、構造の遠く離れた部分間での複雑な長距離依存性も発達できなかっただろう。

このようなシステムではさらに、レベルの間でのとても重要なフィードバック機構がある。すなわち、低次のレベルの実体間での相互作用が大域的なレベルでのダイナミクスを生じさせ、今度はその大域的なレベルのダイナミクスが、各実体のルールを呼び出す際の局所的な文脈を設定することで、低次のレベルへと影響を与えるということである。このようにして、局所的な振舞いが大域的なダイナミクスを支え、この大域的なダイナミクスが局所的な文脈を形成し、この文脈が局所的な振舞いに影響を与え、この振舞いが大域的なダイナミクスを支え、ということが以下同様に続いていく。

## 人工システムの中の本物の生命

そのようなシステムにおけるいくつかの振舞いのレベルの、存在論的地位を区別することは重要である。個々の挙動子のレベルでは、本質的にはっきりと違いがある。ボイドは鳥ではない。鳥とはおよそ似ても似つかないものである。まとまった物理的な構造をもっておらず、情報の構造、ないしはプロセスとして、コンピューターの中に存在している。しかし、そしてこの「しかし」が決定的なのだが、振舞いのレベルでは、ボイドの群れと鳥の群れは、群れという同じ現象の二つの例となっているのである。

群れの全体としての振舞いは、構成している実体の内部の詳細には依存しておらず、お互いの存在のもとでの、それぞれの実体の振舞い方の詳細のみに依存している。それゆえ、ボイドにおける群れは真の群れであり、群れの振舞い一般の研究において、ガンの群れやムクドリの群れにも引けを取らない、もう一つの経験的なデータ点としてカウントされるかもしれない。

これは、ボイドの群れが、群れの振舞いが依存しているすべての機微を捉えていると言っているのではないし、ボイドの振舞いのレパートリーが、群れについて観察されてきたすべての異なる様式(ガンの群れの典型的な「V」フォーメーションのような)を示すのに十分であると言っているわけでもない。極めて重要な点は、人工的な実体の集合体の中に、真正な生命らしい振舞いを捉えたということであり、振舞いが、自然のシステムにおいて創発するのと同じように、人工システムの中に創発するということである。

Lシステムと自己複製ループについても同じことが言える。人工システムの構成部品は自然での対応物とは異なる種類のものであるが、それらを土台として創発する振舞いは同じ種類のものである。それは、Lシステムでは本物の形態形成と分化であり、ループの場合には本物の自己複製である。

ここでの主張は以下のとおりである：人工生命における「人工」とは構成している部分について言

及しているのであって、創発してくるプロセスについて言っているわけではない。もし構成している部分が正しく実装されていれば、それが支えるプロセスは本物である。模倣している自然のプロセスとまったく同じように本物なのだ。

この大きな主張は、適切に組織化された人工的な基本要素の集合で、自然の生命システムにおける生体分子と同じ機能的役割を果たしているものは、自然の有機体が生きているというのと同じように「生きている」プロセスを支えるということである。人工生命は、それゆえ本物の生命となる。単純に、この地球上で進化した生命とは違うものから出来上がっているというだけのことである。

## 進化

これまでの節において、任意の機械の振舞いを、機械の仕様と初期状態を見ただけで予測することの、形式的な不可能性に何度か言及してきた。一般的な場合、その振舞いを決定するためには機械を動作させなければならない。

この予測不可能性のＧＴＹＰＥ／ＰＴＹＰＥシステムに対する結論は、任意のＧＴＹＰＥによって生み出されるＰＴＹＰＥを、ＧＴＹＰＥを見ただけでは決定できないということになる。結果としてできる構造とその振舞いを決定するためには、ＧＴＹＰＥを「動作」させ、ＰＴＹＰＥを発達させてみるしかない。

興味深いシステムであればどれも、ものすごい数の潜在的なＧＴＹＰＥが存在することになるのであり、GTYPEからPTYPEを導く形式的な手法はないのであるから、どのようにして生命らしいPTYPEを生成するGTYPEの探索に取りかかればいいのだろう?

これまでのところそのプロセスは、適切なGTYPEの見当をつけ、それが適切なPTYPEを生成するまで試行錯誤して修正する、というものであった。しかしながら、このプロセスは、適切なPTYPEがどんなものであるかという先入観と、どのようにしてGTYPEを生成するかということの限られた概念によって、限定されたものになっている。我々の先入観と機械を思いつくのに限られた能力が、適切な振舞いを生み出すことになるGTYPEの探索を過度に制限することのないように、この手順を自動化する必要がある。

## 機械の個体群の間での自然淘汰

自然は、もちろん、適切な仕組みをすでに思いついている。それは、変種の間での自然淘汰のプロセスによる進化である。この方策はとても単純なものだ。しかし、機械の記述だけから振舞いを予測することが形式的に不可能であることに直面すると、これは可能なGTYPEの空間を探索するための、唯一の効率的で一般的な方策であるかもしれない。

進化の仕組みは以下のようである。あるGTYPEの集合が、特定の環境の中で解釈されて、いろいろな複雑な方法でお互い同士や環境の特徴と相互作用するPTYPEの個体群を形成する。付随するPTYPEの相対的な成績に基づき、いくつかのGTYPEが、似ているが厳密には原型とは同じではないものとして複製される。これらの新しいGTYPEは、環境内での複雑な相互作用に加わる

PTYPEを発達させ、このプロセスが無限に続いていく(**図9**)。予測可能性についての形式的な限界から期待されるように、GTYPEは環境の中で「動作」させなければいけないし、その振舞いを明示的に評価されなければならないのであって、内在する振舞いをそれ以外のやり方で決定することはできない。

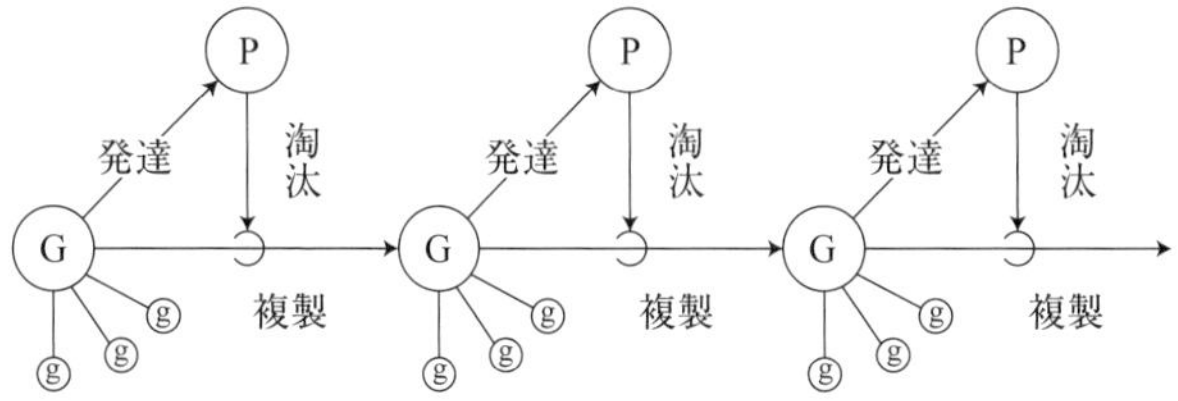

**図9**　自然淘汰による進化のプロセス

進化は、それゆえ、動作させたときに適切な振舞いを示すような機械の記述を選択することで機能しており、最も適切な振舞いをする機械を生み出す現存の記述から、新しい記述を作り出すことで進行している。

## 進化のための基準

自然淘汰のプロセスによる進化は、複製される機械の個体群の中で、以下の三つの基準が満たされているときに働く。

- 遺伝の基準……子どもはその両親と類似している。すなわち、複製プロセスで高い再現度が維持される。
- 変異性の基準……子どもはその親や、他の子どもと厳密に似ることはない。すなわち、複製プロセスは完璧ではない。
- 繁殖力の基準……変種ごとに違う数の子どもを残す。すなわち、特定の変異は振舞いに影響し、振舞いは複製の成功度に影響する。

この三つの基準のうち、最初の二つは主にＧＴＹＰＥが複製されて修正されるプロセスに適用され、三つ目はどのＧＴＹＰＥが複製のために選ばれるのかをＰＴＹＰＥが決定するやり方に適用される。

## 遺伝的アルゴリズム

ジョン・ホランドは自然淘汰のプロセスの機械学習の問題への応用を、彼が「遺伝的アルゴリズム」(ＧＡ)と呼んでいる形で開拓した(Booker, Goldberg, and Holland 1989, Holland 1975, 1986)。ＧＡは親の個体群から子どもの集合を生成する特定の手法であり、環境において高い確率で成功する変種を生成することに主に関心がある。ＧＡは個体群の中で最も成功したＰＴＹＰＥのＧＴＹＰＥに対して遺伝的演算子を適用することで変種を生成する。遺伝的演算子には(重要度の高い順に)交叉、反転、突然変異などがある。

遺伝的アルゴリズムの基本原則は以下の通りである。

1　ＧＴＹＰＥのペアを、それぞれに対応するＰＴＹＰＥの成功度によって選択する。ＰＴＹＰＥが成功しているほど、そのＧＴＹＰＥが選ばれやすくなる。

2　選択したＧＴＹＰＥのペアに遺伝的演算子を適用して、「子ども」のＧＴＹＰＥを作り出す。

3　最も成功していないＧＴＹＰＥを、手順２で生成した子どもに置き換える。

ＧＡの見かけの単純さにもかかわらず、ホランドはその性能についてのいくつかの驚くべき定理を証明できている。ＧＴＹＰＥのプール内の「対立遺伝子」の分布として、また個体群の中のＧＴＹＰＥに対応するＰＴＹＰＥの相対的な成功として、蓄えられている個体群の過去の経験を、ＧＡが最適に利用できることがわかっている。

変異しうる位置の個数次第で、潜在的に構築されうるＧＴＹＰＥは非常に多くなる。なんらかの複雑さのあるシステムでは、潜在的なＧＴＹＰＥの数は天文学的なものとなる。$\mathcal{L}$を二つのＧＴＹＰＥで違いを示す可能性のある位置の数、$\mathcal{N}$をそのような各位置でとりうる値の個数の平均とするならば、ＧＴＹＰＥ空間の大きさは$\mathcal{N}^{\mathcal{L}}$のオーダーとなる。

潜在的なＰＴＹＰＥの数はさらに大きい。というのも、各ＧＴＹＰＥは、異なる環境の文脈では異なるＰＴＹＰＥを決定しうるからである。環境の文脈のうちの大部分は、他のＰＴＹＰＥの個体群であることに留意しておくことは重要である。それゆえ、ＧＴＹＰＥの特定の部分が解釈される際の文脈の重要な部分を、ＧＴＹＰＥの他の部分が提供するのと同様に、個体群の他のＰＴＹＰＥは、特定のＰＴＹＰＥがその中で発達していく文脈の重要な部分を提供しているのだ。

ＧＡが行う(しかも大変巧妙に行う)ことは、この可能なＰＴＹＰＥの非常に大きな空間を知的なやり方で探索することである。そのやり方とは、最も成功しているＰＴＹＰＥと最もよく対応しているＧＴＹＰＥの構成部品を探し出し、この評価が高い構成部品の新しい組み合わせを使っている子どもが有利になるように、ＧＴＹＰＥ空間でのサンプリングにバイアスをかけることである。

交叉演算子は、ＧＡの作用のうちの「知性」のほとんどを担っている。ＧＴＹＰＥを表す二つの記号列があるとき、**図10**で示されているように、交叉演算子は記号列の中の断片を互いに入れ替えることで機能する。これが有効な演算子であることの理由は、構成部品のかたまり全体を一度に入れ替えるので、過去に一緒にうまく働いた構成部品の組み合わせを保つ傾向にあるからである。

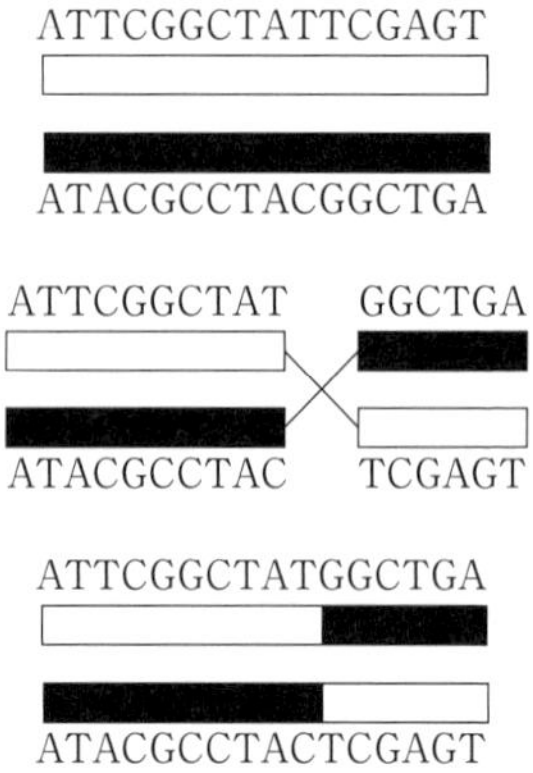

**図10**　交叉演算子の実行

このように、交叉演算子は構成部品の新しい組み合わせを生み出すことで機能し、反転演算子は構成部品の間の結びつきの関係を並び替えることで機能し、突然変異演算子は新しい構成部品を導入することで機能する。これら三つの演算子が合わさることで、大きくて予測不可能な記述空間を探索するための極めて一般的で強力な仕組みをなしていて、局所最大値にとらわれることを免れている。というのも、たくさんの局所的な勾配を並行して「登って」いて、しばしば局所最大値同士の間にある新しいサンプル点を生み出すからである。

ＧＴＹＰＥを構成する構成部品の、とりうるすべての部分集合の集合はスキーマ空間と呼ばれている。スキーマとは、構成部品の集合の特定の部分集合で、特定のＧＴＹＰＥに見出されうるものの部分集合のことである。例えば、ＧＴＹＰＥの部位2、3、10に特定の値をもつ集合はスキーマである。ＧＴＹＰＥ丸ごとも、すべての位置に特定の値をもつと考えれば、部位22だけに特定の値をもつ場合と同様にスキーマである。ある集合のすべての可能な部分集合の集合を、正式には集合の冪《べき》集合と呼ぶ。それゆえ、スキーマ空間は正式にはＧＴＹＰＥの冪集合、すなわち可能なＧＴＹＰＥ構成部品の空間と、同一である。

ホランドは、遺伝的アルゴリズムの実行下で、個体群の中で表現されているどのスキーマも、すなわちどの冪集合の表現されている要素も、自身の内部的な適応度に正比例して個体群の中を伝播していくことを示すことができている。さらにこれは、各々の表現された構成部品の適応度についての情報を明示的に集めることなしに達成された。各ＧＴＹＰＥは実のところ、$2^L$の異なったスキーマの実例であるので、物理的に$M$個のＧＴＹＰＥをテストすることによって、ＧＡは実際には$2^L$と$M2^L$の間の数のスキーマについての情報を得ている。

この「内在する並行性」が、頑健な進化的潜在能力を生み出している。ホランドは次のように述べる。

［ＧＡは］平均以上の実例をもつ各スキーマをより強力にサンプルし、それによってさらにその有用さを確証（もしくは反証）し、（もし平均以上でありつづけているならば）利用していく。これによって全体の［個体群の適応度の］平均を押し上げ、スキーマが平均以上であるために満たさなければならない、さらに強い基準を提供する。さらに、この発見的な方法では、「直近で一番良かった」実例だけから作業するのではなく、実例の分布を用いている。これによって、誤った方向に発達を導く「偽ピーク」（局所最適）に捕まることに対しての頑健性と備えを生み出している。全体として、この発見的な方法の力は、平均以上の構成部品の素早い蓄積に由来しているのである。

## 創発する適応度関数

進化のプロセスを使用している多くのコンピューターモデルに共通の問題は、環境との相互作用の複雑性をいとも簡単に過小評価してしまうことである。ほとんどのそのようなモデルでは、ある特定の振舞いが「適応」、それ以外は「不適応」であるとあらかじめ運命づけられるような、過度に単純な環境が提供されている。そのようなモデルでは多くの場合、環境と、環境が育てている「生命」システムの間に明確な境界が引かれていて、モデルにおける主要なアクターがボトムアップに指定されているときであっても、環境はたいていトップダウンに指定されている。

自然においては、生命システムとその環境の間に、そのようなはっきりとした区別をつけることはたいていい極めて困難であり、環境との、あるいは環境内での相互作用は、たいてい生命システムの中での相互作用と同じぐらいに込み入っている。硬直的であらかじめ指定されている「不自然な」環境は、硬直的で予測可能な「生命らしくない」進化の進行を促進することになる。

むしろ環境そのものも、可能な限り低レベルにおいて、ボトムアップなやり方で記述されるべきである。人工的な生命体のモデルを進化させるための「人工自然」は、システムのルールの中では内在的にのみ示されているべきで、より繊細な生命体と環境の特徴の間での相互作用を可能にすべきである。そのようなシステムは、本物の進化的な進行を実際に示すための、さらに大きな潜在能力をもっている。適応度関数は、有機体が環境に「適応」するかどうかを決める基準の集合であるが、これ自体がシステムの創発的な特性であるべきなのだ(プロシーディングスのパッカードによる論文(Packard 1988)を見よ)。

## 生命や他の複雑なシステムの研究でのコンピューターの役割

人工知能と人工生命はそれぞれ、コンピューターを複雑な自然現象の研究に適用することに関わっている。どちらも複雑な振舞いの生成と関連している。しかし、それぞれの分野がそれぞれの目標を追い求める中で計算技術を使うやり方は、著しく異なっている。

ＡＩは知的な振舞いを生成する方法論として計算論的パラダイムを基礎においてきた。すなわち、ＡＩは計算技術を知能のモデルとして使っている。一方ＡＬは、生きている有機体を支えている自然のプロセスに基づいた、新しい計算論的パラダイムを開発しようと試みている。すなわち、ＡＬは計算技術を、相互作用する情報構造のダイナミクスを探索するためのツールとして使っている。振舞いを生成するための基礎となる方法論として計算論的パラダイムを採用してきていないし、生命をコンピュータープログラムの一種として「説明」しようと試みているわけでもない。

人工生命の研究を遂行する一つのやり方として、生命を、我々を構成しているのと同じ種類の有機化合物を使って、試験管の中で作り出そうと試みることがありうるだろう。実のところ、数々のわくわくするような取り組みがこの方針で行われている。これは確かに、この世界で進化しえた(が進化しなかった)炭素鎖の化学の領域内の別のありうる生命体の可能性についてたくさんのことを教えてくれるだろう。

しかしながら、生体分子は極めて小さく、取扱いが難しく、部屋いっぱいの特殊な機材、何十人もの豊富な「ポスドク」、そしてプロとしてのキャリアの大半を電気泳動ゲル技術の熟達に捧げようとする大学院生が必要とされる。加えて、試験管内での生命の創造はたしかに注目に値する(そしておそらくノーベル賞にも値する)科学的な偉業ではあるが、長い目で見れば、可能な生命の空間について、我々がすでに知っているものよりもさらに多くを語ることはないであろう。

コンピューターは、生命合成を試みるための別の選択肢となる媒体を提供する。現代的なコンピューター技術は、生命をコンピューターの中で創造する、とてつもない潜在能力をもつ機械を生んだのだ。

コンピューターは生命の研究にとって重要な研究の道具として考えられるべきで、培養器、培養皿、顕微鏡、電気泳動ゲル、ピペット、遠心分離機やその他のウェットラボ設備一式を代用するものであり、情報構造の培養に特化した習得容易な実験設備である。

情報構造を扱う長所は、情報にはそれ自体の大きさがないことである。コンピューターはまさに情報の操作のための道具であり、その操作が我々の動作の結果として行われることもあるし、情報構造自体の動作の結果として行われることもある。コンピューター自身が生命になることはないが、むしろ、その中で情報「分子」の動的な個体群が情報「生化学」を営む、情報の宇宙を支えることになる。

この人工的な宇宙の中で科学実験を行うワークステーションとしてのコンピューターという見方はかなり新しいものだが、しかし急速に正当な、それどころか必須の、科学遂行の方法として受け入れられてきた。コンピューター以前の時代では、科学者は解析的に解ける方程式によって定義されるシステムを主に取り扱っていて、解けない方程式によって定義されるシステムは無視してきた。これは、ほとんどの場合、解析的な解がないと、方程式を何度もくりかえし積分する必要があるからであり、これは本質的にはシステムの時間に沿った振舞いのシミュレーションをしていることになる。こうした計算の凡庸で細々とした部分を処理してくれるコンピューターなしでは、最も単純な場合を除いて、こんなことに着手するのは考えられないことであった。

しかしながら、コンピューターの出現によって、必要とされる凡庸な計算はこの専門馬鹿に押し付けられるようになり、数値計算の領域が探査へと開かれることとなった。「探査」はこのプロセスを表す言葉として適切である。というのも、システムの数値シミュレーションによって、広い範囲のパラメータ設定と初期条件のもとで、システムの振舞いを「探査」できるからである。このような実験法における発見的な価値は評価してもしすぎることはない。多くの場合、広い範囲の初期条件のもとでの振舞いを観察することで、システムの本質的なダイナミクスについての莫大な洞察を得られるのだ。

最も大事なことは、しかしながら、コンピューターが科学者に世界をモデル化する新しいパラダイムを提供し始めていることである。本質的に解くことのできない支配方程式を取り扱うとき、形式的な数理モデルを作り出す主要な理由である、記号的な操作によって解析的な解に到達するという望みは失われる。常微分方程式や偏微分方程式の系は、コンピューターアルゴリズムで実装するのにはあまり適していない。目的が振舞いの分析ではなく生成であるときには、他のモデリング技術がより適切であることが予想されるかもしれない（優れた概説として Toffoli 1984 を見よ）。

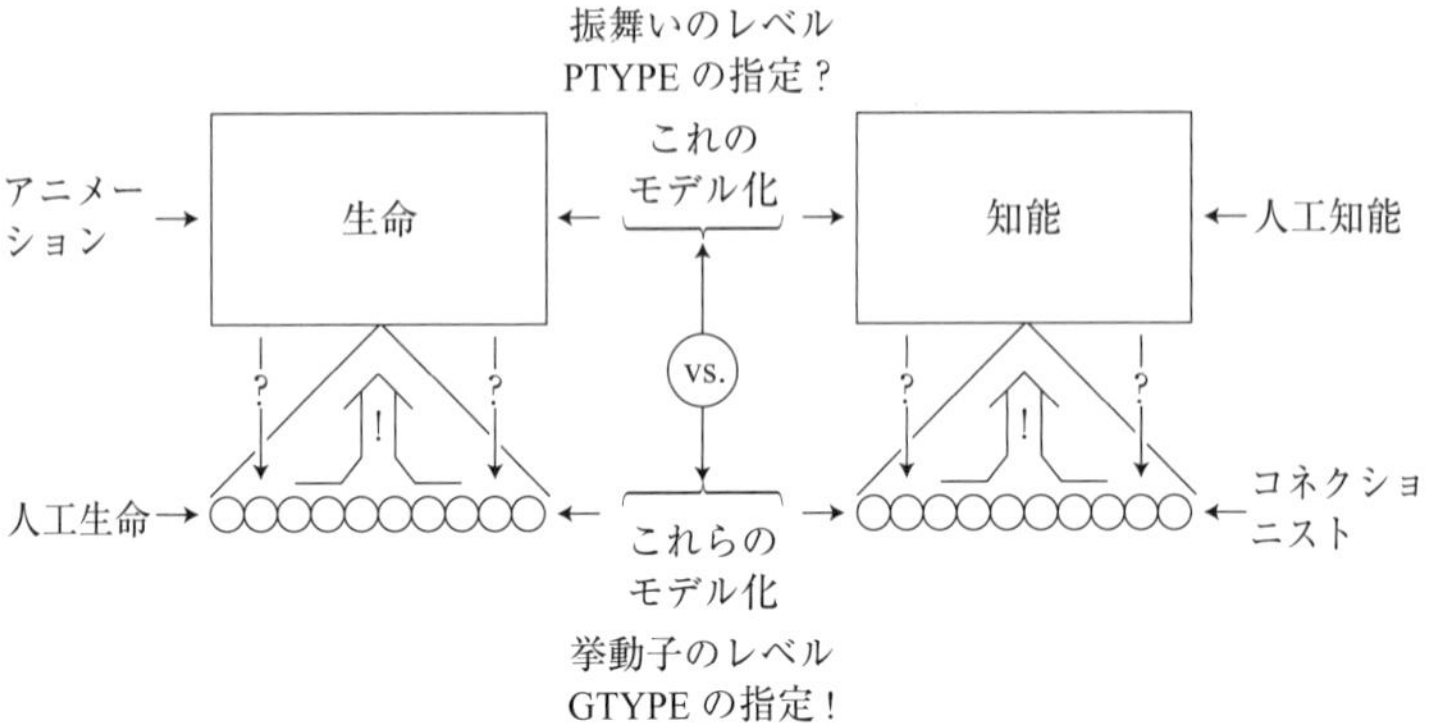


**図11**　複雑なシステムをモデル化する，ボトムアップ対トップダウンのアプローチ

この予想は簡単に裏付けられる。計算能力そのもののコストの急落によって、コンピューターはいまや物理システムを第一原理からシミュレーションできるものとして利用することができる。つまり、例えば流体での乱流を、構成している粒子の動きをシミュレートすることでモデル化することができるようになってきた。特定の点における粒子の濃度の変化を近似するだけではなく、実際に粒子の動きを厳密に計算することでシミュレーションを行うのである。

これらすべてがどのように生命の研究と関係しているのだろうか？　コンピューター上で複雑な物理システムをシミュレーションすることで我々が学んできた最も驚くべき教訓は、複雑な振舞いには複雑な起源は必要ないということだ。実際、とてつもなく興味深く、魅惑的なまでに複雑な振舞いが、極めて単純な構成要素の集まりから創発しうるのだ。

このことからすぐに、自然によって示される複雑な振舞いのほとんど、とくに生命と呼んでいる複雑な振舞いもまた、単純な生成器をもっているのではないかという、わくわくするような可能性が導かれる。複雑な振舞いからその生成器へとさかのぼる作業をするのはとても困難であるが、生成器を創って、複雑な振舞いを合成するのはとても簡単であるので、複雑な自然システムの研究への有望なアプローチは、単純な構成要素を含んでいる分散システムから創発できる種類の振舞いの一般的な研究に取り組むことである(図11)。

## 非線形性と振舞いの局所的な決定

### 線形 対 非線形システム

線形システムと非線形システムの間の区別は根本的であり、なぜ生命のメカニズムを見つけるのが困難であるはずかについてのすぐれた洞察を与えてくれる。この区別を最も単純に述べると、線形システムは全体としての振舞いが部分の振舞いのただの足し算であるもので、一方の非線形システムは全体としての振舞いがその部分の足し算以上となるものである。

線形システムは重ね合わせの原理に従うシステムである。複雑な線形システムをより単純な構成部分に分解することができ、これらの部分を独立に分析することができる。分離している部分の理解に達してしまえば、分離された部分の理解をまとめ上げることで全体のシステムの十分な理解を達成することができる。これは線形システムの重要な特徴である。すなわち、部分を個別に研究することで、完全なシステムについて知る必要のあるすべてのことを学ぶことができるのだ。

これは、重ね合わせの原理に従わない非線形システムでは可能でない。システムをより単純な構成部分へと分解できたとして、さらにその分離している部分の完璧な理解に達することができたとしても、個別の部分の理解をまとめ上げて全体のシステムの理解とすることはできないだろう。非線形システムの重要な特徴は、主要な興味のある振舞いは、部分自体の性質というよりも、部分間の相互作用の性質であり、これらの相互作用に基づいた性質は、部分が独立に研究された場合には必然的に消えてしまうものなのだ。

それゆえ分析は、線形システムに対して最も実り多く適用される。そのようなシステムは、意味のある方法で分解でき、分解の結果として得られる断片が解かれ、断片を解くことによって得られた解を元通りに組み立てることで、全体のシステムに対する解が得られる。

分析は、非線形システムに適用した場合に、同様の効果が少しでもあるとは示されていない：非線形システムは全体として取り扱わなければならないのだ。

非線形システムの研究に対する違うアプローチには、分析の逆、すなわち合成が必要となる。関心のある振舞いを出発点とし、それをその構成部分に分けて分析しようと試みることから始めるのではなく、構成部分から始めて、それをまとめ上げることで関心のある振舞いを合成するのである。

生命は形の性質であって物質の性質ではなく、物質の組織化の結果であって、物質自身の中に内在している何かではない。ヌクレオチドもアミノ酸も他のどんな炭素鎖分子も生きてはいない。しかし、正しくまとめ上げたときに、その相互作用から創発してくる動的な振舞いのことを我々は生命と呼んでいる。生命が基盤とするものは効果であって物ではなく、生命はある種の振舞いであり、ある種の物質ではない。したがって、より単純な振舞いで構成されているのであって、より単純な物質できているわけではない。振舞いそのものが非線形システムの本質的な部分を構成しうる：この仮想的な部品の存在自体が、物理的な部品の間の非線形な相互作用に依存している。物理的な部品を分離すると、仮想的な部品はなくなってしまう。人工生命が追い求めているものは、まさに生命システムの仮想的な部品、すなわち振舞いの基本的な原子と分子なのである。

## 振舞いの局所的決定の倹約性

複雑な振舞いを単純で局所的なルールの適用から生成するのは、複雑な振舞いを複雑で大域的なルールの適用から生成するよりも簡単である。それは、複雑で大域的な振舞いは、たいてい局所的なレベルでおこる非線形相互作用によるものだからである。ボトムアップによる仕様規定では、システムは局所的な非線形相互作用を明示的に計算し、大域的な振舞いは、局所的なルールに内在的に含まれているものであって、明示的に取り扱われることなく自然に創発する。

しかし、トップダウンによる仕様規定では、局所的な振舞いが大域的なルールに内在的に含まれていなくてはならない。これは実に、本末転倒なことである！　大域的なルールは、多くの局所的な非線形相互作用の大域的な構造に与える影響を「予測」しなければならないが、これはこれまで見てきたように手に負えないものであり、一般には不可能である。それゆえ、トップダウンのシステムは計算論的な便法を取らなければならず、明示的に特殊な場合を取り扱う必要があり、その結果、柔軟性がなく脆く不自然な振舞いとなる。

さらに、何らかの複雑性があるシステムでは、とりうる大域的状態の数は天文学的に巨大であり、システムのサイズに対して指数関数的に増加する。大域的な振舞いに対して大域的なルールを与えようと試みるシステムは、すべての大域的な状態に対して違うルールを与えることができない。それゆえ、大域的な状態はなんらかのやり方で分類されなければならない。つまり、カテゴリー内の大域的状態が区別できなくなるような、粗視化の方策を使ったカテゴリー化をしなければならない。システムのルールはこれらのカテゴリーの解像度のレベルにおいてのみ適用される。分類の方策を実装するいくつもの可能な方法があり、そのうちのほとんどは大域的な状態空間での違う分割を生み出す。ルールに基づくどんなシステムも、よりきめの細かい違いは関係ないと必然的に仮定しなければならず、もしくは「特殊な場合」のためにテストの有限の集合を含ませて、そして他の特殊な場合は関係しないと仮定しなければならない。

ほとんどの複雑なシステムにおいては、しかしながら、大域的な状態の微小な違いが大域的な振舞いに莫大な違いを生むことがあり、一定の微小な違いが大域的に適切な影響をもつように大域的な状態空間を分割する方法は原理的にないかもしれない。

一方、局所的な振舞いのための局所的なルールを与えるシステムは、各々の、すべてのとりうる局所的な状態に対して違うルールを提供することができる。さらに、局所的な状態空間の大きさは、システムの大きさと完全に独立でありうる。局所的なルールによって支配されているシステムでは、各々の局所的な状態、そして結果として大域的な状態は、厳密に、正確に決定することができる。大域的な状態での微小な違いは局所的な状態に非常に特殊な違いを生み、その結果、局所的なルールの発動に影響する。微小な違いが局所的な振舞いに影響するので、その違いは局所状態の拡張しつつある部分で感じられ、そして局所的な近傍から局所的な近傍への伝播として、大域的な状態での微小な違いが大域的な振舞いでの大きな違いを生みうるのである。局所的に決定されるシステムにおいて明示的に取り扱われる「特殊な場合」は、厳密に、すべての取りうる局所的な状態だけなのであり、それに対するルールは、厳密に、システムを支配しているすべての局所的なルールだけなのである。

## 結論：時計職人の進化

複雑な生化学機械として、生きている有機体は精巧な機械仕掛けの時計と比較されてきた。かの有名な「デザイン論証」では、このアナロジーは神の存在証明として使われてきた。すなわち、精巧な生化学的な時計仕掛けに示されている明白な「デザイン」から、存在を推論せざるを得ない「時計職人」としての神である。この議論の最も有名な定式化は、一九世紀初頭にウィリアム・パーレイによって述べられた(リチャード・ドーキンスのこの議論についての優れた解説(Dawkins 1986)と、本プロシーディングスでの彼の寄稿(Dawkins 1988)を見よ)。

一九世紀の中頃までには、ダーウィンが自然におけるデザインの存在についてよりよい説明を与えた。原始のスープから今までの三五億年をかけて、生きている有機体における生化学的なバネ、歯車、天府は、「盲目の時計職人」によって、ゆっくりと作られ、組み上げられてきたのだ。自然淘汰による進化のプロセスという「盲目の時計職人」によって。

しかしながら、この最初の偉大な進化の時代は終わりに近づいてきていて、また別の時代が始まろうとしている。進化のプロセスは——我々の中に——何によって時を刻んでいるのかを理解する「時計」をもたらしており、この時計は自分自身のメカニズムについていじくりまわし始めていて、自分自身のデザインによる時計を組み立てるのに必要な、「時計仕掛け」の技術をもうすぐ習得してしまうだろう。盲目の時計職人は目の見える時計を作り出し、これらの「時計」は自分自身が時計職人になれるほど十分に見てきた。その視力は、しかしながら、極めて乏しく、おそらく近眼の時計職人とでも呼ばれなければならないようなものだった。

DNAの構造の発見と遺伝暗号の解読によって、分子から人へと伸びて、また戻ってくるフィードバック・ループがついに閉じた。生物学の進化のプロセスによって、自分自身の遺伝子型を直接操作することができる表現型をコードしている遺伝子型を生み出したのだ。自分の遺伝子型を複製し、変化させたり、人工生命の場合では、まったく新しいものを作り出したりするような遺伝子型である。

二〇世紀の中頃までには、人類は地球上の生命を絶滅させる能力を獲得した。次の世紀の中頃までには、生命を作り出すことができるようになるだろう。この二つのうち、どちらが我々により大きな重荷を担わせることになるのか判断するのは難しい。存在することになる特定の種類の生き物だけでなく、進化の道筋そのものも、どんどん我々の制御下に置かれるようになるだろう。今起こしている変化の将来への影響は、原理的に予測できない。自然システムであろうが人工システムであろうが、受け継がれていく織物のまさにその上に我々が加えることができる操作によって起こりうる、すべての結果を予知することはできない。しかし、もし変化を起こすなら、その結果に対して我々は責任がある。

どのようにして我々の操作を正当化できるだろうか？　コンピューターの人工的な領域内だとしても、生命を作るということに、そしてプログラムを停止するかプラグを引き抜くことによってそれを再び抹殺することに、どうやって責任をとることができるだろうか。どのような媒体内で起こったとしても、「生きているプロセス」であるときに物理的プロセスはどのような権利を獲得することになるのだろうか。なぜ特定の物質の構成でのみ権利が生じなければならず、それ以外では生じないということになるのだろうか。これらの問題に正しい答えがあろうがなかろうが、公正に開かれた形で取り組んでいかなければならない。

人工生命はただの科学的、技術的挑戦以上のものであり、我々の最も根本的な、社会的、倫理的、哲学的、そして宗教的な信念に対しての挑戦でもある。太陽系のコペルニクスモデルのように、宇宙の中の我々の地位と自然における我々の役割を再検討するように迫っているのである。

## 注

（1）機械装置から不可避的な時間の流れを連想することは、機械論の初期哲学に関連する運命予定説の亡霊の主たる原因になっているのかもしれない。

（2）ここでの機械式のアヒルに関するすべての引用についてはChapuis and Droz (1958)を見よ。

（3）ブライテンベルクの『媒体』を参照せよ(Braitenberg 1984)。

（4）この構造は*Physica D*に掲載予定の報告においてジョン・バイルによって単純化された。

ラングトン

（訳注1）第二次ＡＩブームにおけるコネクショニズムの復活を指すと思われる。

（訳注2）ウィーナーの著書（およびラングトンの原文）ではこの綴りが用いられているが、正しくはκυβερνήτης（語頭がχではなくκ）であるとする意見が主流のようである。

（訳注3）「推測する機械」の意。

# 特徴量はどこから来るのか?

ジェフリー・ヒントン

梶原侑馬[訳]

Geoffrey E. Hinton (2014). Where Do Features Come From? *Cognitive Science* 38: 1078–1101 の翻訳。

ＡＩ第三の夏の火付け役になった深層学習を提案したヒントンによる論文である。

人間の脳が外界のさまざまなモノや事象を表現するには大きく分けて二通りの方法が考えられる。一つは、細胞一つを一つの概念に対応させる方法。大脳皮質の細胞は一〇〇億以上存在するが、その数では森羅万象を表現するには不足であろう。もう一つは分散表現である。仮に各細胞が二値しかとらないとしても最大二の一〇〇億乗が表せることになる。この場合の個々の要素を特徴量(feature)と呼び、それらがニューラルネットワークでどのようにして学習可能かを論じたのがこの論文である。

この学習手法として誤差逆伝播法(back-propagation)が一九八六年にヒントンの師匠であるルーメルハートらによって発見(発明?)され(当然ヒントンも関与している)、ニューラルネットワークは一挙に実用化に近づいた。それ以前は、中間層のないパーセプトロンでは複雑な概念が学習できないことは明らかにされていたのだが、中間層を入れた場合の学習法が見つかっていなかった。

実は、日本の読者には甘利俊一の先行研究があることが知られている[*1]。ヒントンはこの論文の執筆時には甘利のことは知らなかったようだが、その後、親交を深めている。

深層学習の成功は深層自己符号化器(Deep Autoencoders)の発明に負うところが大きいが、これもヒントンによるものだ。中間層の数を入力層や出力層より大幅に絞り込んだネットワークで、入力と同じものを出力するように訓練すると中間層が特徴量を自動的に学習するという仕掛けである。人間が特徴量を与える必要がないのである。話は逸れるが、特徴量を自動的に学習するというこの機能を使えば、人間には扱いきれないような超多次元の科学が可能になるという説もある(＊2)。

ヒントンらによる、実際には機能しなかったが理論的には興味深いボルツマンマシン(＊3)の話題も展開される。人間の認知的特徴を共有するという意味では、将来こちらが実現されることを期待させる。隠れユニット間や可視ユニット間の接続をなくした制限付きボルツマンマシン（ＲＢＭ）などが有効かもしれない。論文の後半ではＲＢＭを積み重ねて深層ボルツマンマシン（ＤＢＭ）をつくり、これを微調整する方法などが述べられている。

［中島秀之］

（＊1）Amari, S. (1967). Theory of adaptive pattern classifiers. *IEEE Trans.* EC-16(3): 299–307.

（＊2）https://japan.cnet.com/blog/maruyama/2019/05/01/entry_30022958/

（＊3）ボルツマンは物理学者で、熱力学などを研究し統計力学の端緒を開いた。このボルツマンの名前をとってヒントンらによる確率的ニューラルネットワークがこう命名された。

## 概要

順伝播型ニューラルネットワークを通して誤差導関数を逆伝播することにより、複数層の非線形な特徴量を学習することが可能である。これは、大量のラベル付き訓練データがある場合に非常に有効な学習手続きだが、多くの学習課題に対してはラベル付きの例がほとんど入手できない。ラベル付きデータの必要性を克服するために、入力ベクトル集合の高次の統計構造をモデル化することにより興味深い特徴量を学習する生成モデルが数種類開発された。これらのモデルの一つ、制限付きボルツマンマシン（restricted Boltzmann machine, ＲＢＭ）は、隠れユニット同士が結合をもたないため、知覚的推論と学習がはるかに単純になっている。さらに重要なこととして、一層分の隠れ特徴量が学習された後は、それらの特徴量が別のＲＢＭの訓練データとして使用できる。このアイディアを繰り返し適用することで、いかなるラベル付きデータも必要とすることなく、徐々により複雑な特徴量の深い階層を学習することができる。すると、この深い階層は順伝播型ニューラルネットワークとして扱うことができ、逆伝播法を用いて識別モデルを改善させる微調整が可能である。順伝播型ニューラルネットワークの重みを初期化するのに多数のＲＢＭを用いることで、誤差逆伝播がより深いネットワークで有効に働き、より良い汎化が得られる。多数のＲＢＭは、より多くの隠れ層をもつ深層ボルツマンマシンの初期化にも使用できる。この初期化の手法と微調整のための新手法を組み合わせると、多くの隠れ層と何百万もの重みパラメータをもつボルツマンマシンを効率良く訓練する初めての方法となる。

## 1　はじめに

物体の形状、場面の配置、単語の意味、そして文の意味。これらはすべて、神経活動の時空間パターンとして表現されているはずである。神経細胞で事物を表現する最も単純な方法は、表現の必要があるかもしれない事物それぞれに対して一個の神経細胞があるような大きな神経細胞プールを用意して、その中の一個の神経細胞を活性化させることである。この方法は、文の意味や場面の配置の表現には明らかに絶望的で、物体の形状や単語の意味にも使えそうにない。これに代わるのは分散表現を用いる方法で、その場合、各存在物は数多くの神経細胞における活動で表現され、各神経細胞は多数の異なる存在物の表現に関わる。短い時間枠内に1か0のスパイクを放出する二値装置として神経細胞をモデル化し、その時間枠内の正確な時刻は関係しないと仮定すると、分散表現は単なる二値の特徴量の集合である[1]。神経細胞を、近似実数を出力できる装置としてモデル化すれば、分散表現は、ノイズの混ざった実数値の特徴量の集合となる可能性がある[2]。いずれにせよ、心理学と神経科学のいずれにおいても「これらの特徴量はどこから来るのか?」というのが重要な問いである。

まず、「特徴量が生得的に指定されている」という考えを捨てなければならない。この考えが誤りである理由はいくつかある。

(1) シナプスは約$10^{14}$個ある。仮にこれらを二値として扱い、また仮に私たちが使用する全特徴量を定義するのにそれらの記憶容量の1パーセントしか使用しないとしても、まだ$10^{12}$ビットを指定する必要がある。このような膨大な情報は到底私たちの遺伝子に詰め込めそうにない。

(2) 世界が変化するスピードは、生得的に指定された特徴量では追いつくことのできないほど大きい。例えば、私が「彼女は彼をフライパンでノタった」と言うのを聞くと、あなたは「ノタった」という単語に対して多数の特徴量を即座にもつようになる。長くてのたくるものや、二本のほぼ平行な線の間にある赤い点に対して生得的に指定された検出器は、毒ヘビを避けたり、母カモメに餌を吐き戻させたりするには良い方法かもしれないが、特徴量が有用であるようなほとんどすべての知覚・認知課題に対しては、あらかじめ組み込まれた特徴量では十分迅速に適応することができない。

(3) 私たちが必要とする何百万もの特徴量を発見するには、進化のスピードは遅すぎる。非常に高次元の空間の場合、勾配情報を効率的に使用する検索は、他の検索と比較すると数百万倍高速である。(3) 進化計算は、数百または数千個ものパラメータを最適化できるものの、数百万個のパラメータを最適化するには絶望的に非効率的である。なぜなら、遺伝性のパラメータの観点から表現型の適合度の勾配を計算することができないからである。進化にできることは、勾配情報を有効利用できる生物的装置の空間を探索することなのである。進化はまた、これらの装置が最適化する目的関数の空間や、最適化がうまく機能するアーキテクチャーの空間も探索する。

脳がどのような目的関数の最適化を行っているのか、またそれらの目的関数の勾配をシナプスの特性に対してどのように計算しているのか、という問題に取り組むにはいくつか異なるアプローチが存在する。ハードウェアを考慮せずに人間の学習能力を研究することも可能であるし(Tenenbaum et al. 2006)、実際のシナプスがどのように変化するかを調べることもでき(Markram et al. 1997)、神経細胞を模した処理装置からなる巨大ネットワークでうまく機能するシナプスの学習規則の空間を探索することもできる。十分な計算性能があれば、この空間を探索する進化的な外側ループさえ利用できるかもしれない（Yao 1999）。これらのアプローチは補完的であり、明らかに、並行して取り組まれる必要がある。特定のタイプのモデル神経細胞に生物学的に非現実的な仮定が入っているからといって、それらの神経細胞のネットワークに複雑な課題を学習させる方法の研究からは生物学的に意味のあることが何も学べないかどうかは、自明ではない。同様に、計算的に妥当でない学習理論を検証する神経科学実験が、脳の中で学習が実際にどのように起きているかについて何かしら興味深い知見をもたらすかどうかも、自明ではない。

私のアプローチは、人間が明らかに非常に長けていることを学習するのに実際にうまく働く学習手続きを発見しようというものである。そうした手続きが神経細胞を模したハードウェアでうまく働くならば、生物学者に今よりずっと妥当な仮説空間を提供することになるだろう。直観的にもっともらしい学習手続きのほとんどは、巨大ネットワークにおいては特に、実際はうまく働かない。そのような学習手続きを、本物の脳を侵襲することなく、ふるい落とせるのである。

## 2　一九八六年における分散表現の学習

一九八〇年代半ば、隠れユニットの複数層において非線形な分散表現を学習する二つの新しいアルゴリズムが興奮を呼んだ。誤差逆伝播法（LeCun 1985, Rumelhart et al. 1986b, Werbos 1974）は決定論的な順伝播型ネットワークにおける勾配を算出するために用いられる、連鎖律を直接応用したものである

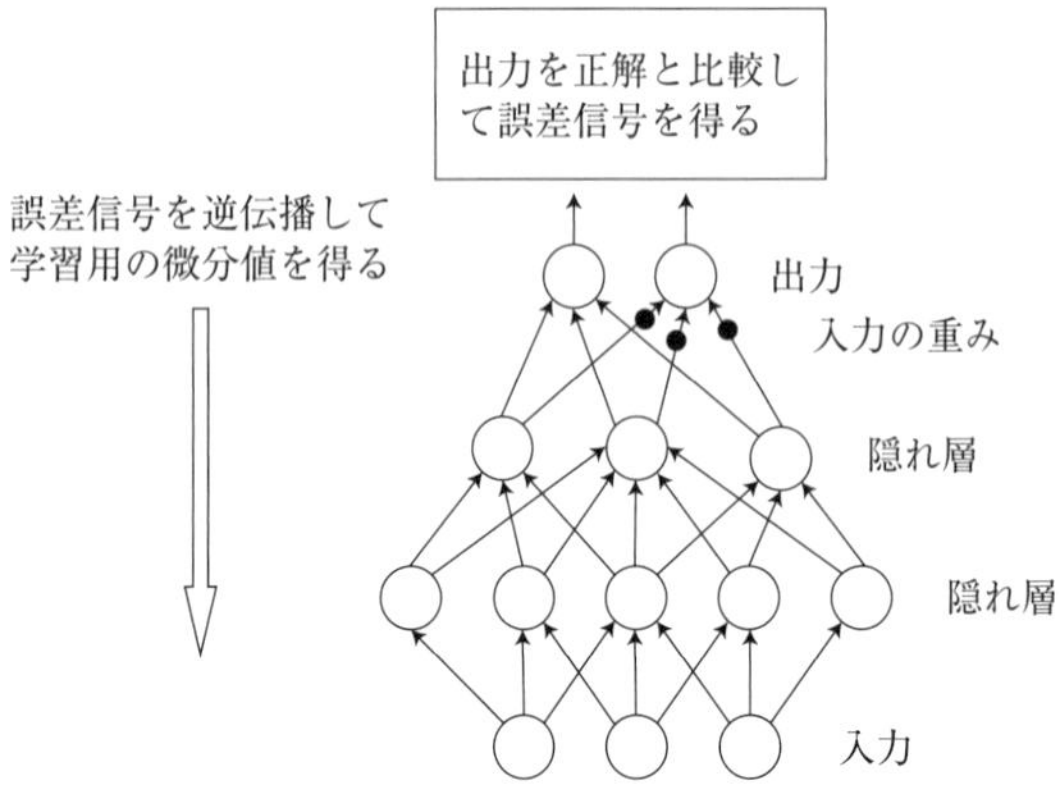


**図 1**　二つの隠れ層をもつ順伝播型ネットワーク．このネットワークでは，順方向の経路を用いて入力ベクトルを出力ベクトルへ変換することで，予測を行う．隠れユニットまたは出力ユニットへの各重みは，訓練データの各ケースにおいて平均化された予測出力と，正しい出力データの間の不一致を減らす方向に変更することにより，徐々に学習される．訓練データごとに，出力の不一致に対する重みの変更の効果は，連鎖律を利用して，ある層からそれより前の層に誤差値の導関数を逆伝播することによって計算される．各隠れユニットの重みは，下の層の活動値のパターンに対してどのように応答するかを決定する．隠れユニットが異なると，正しい出力データを予測するのに有用な特徴量を，それぞれ異なる形で発見する傾向がある．

（図**1**を参照）。この学習方法は大量のラベル付き訓練データを必要とするため、大脳皮質における学習モデルとしてはとうてい妥当でないように思われた。神経活動を伝えるための順方向と、誤差の微分値を伝える逆方向という、二つのまったく異なる信号を同じ「神経細胞」が送信する必要があるため、やはり妥当でないと考える人もいた。

しかしながら、進化は同じ幹細胞から歯や眼球を作り出すことができるのだから、誤差逆伝播法が最善の方法であるなら、数億年におよぶ進化の過程で誤差逆伝播法を実装する方法が発見されなかったとは考えにくい。ただし、学習に必要なラベル付きデータをすべて取得することに関しては、やはり問題があるように思われた。

「ラベル」を取得する方法として最も有望に思われたのは、入力の全体もしくは一部を再構成したものを、求めるニューラルネットワークの出力とすることである。静的なデータの場合、これは深層自己符号化器を学習することに相当する（Hinton 1989）。残念なことに、前世紀には、誰も深層自己符号化器を主成分分析（DeMers and Cottrell 1993, Hecht-Nielsen 1995）よりも大幅に優れたものとして活用することはできなかった。動的なデータの場合、入力データを再構成する最も自然な方法は、次のデータフレームを予測することであったが（Elman 1990）、時系列データの学習に通時的誤差逆伝播法を用いる試みは、〔隠れ層における〕勾配が時間ステップごとに倍数的に増減するため失敗に終わった（Bengio et al. 1994）。現在はこの問題に対処する有効な手段があるが（Hochreiter and Schmidhuber 1997, Martens 2010）、一九八〇年代には、勾配の最も興味深い部分を捨て去って、通時的誤差逆伝播法を骨抜きにすることが精一杯であった。

クラスに関する十分な量のラベルが与えられていれば、誤差逆伝播法はたしかに多くの難しい問題の解法を学習した。特に不変性に関する予備知識を実装するために時間もしくは空間における重み共有が使用された際には学習がうまくいった（LeCun et al. 1998, Waibel et al. 1989）。しかし、この重み共有がない場合、誤差逆伝播法に複数の隠れ層をうまく利用させることは難しく、一九八六年に抱かれたきわめて高い期待に応えることはできなかった。特に、通時的誤差逆伝播法が、無数の小さな逐次「プログラム」を作り出し、それらの出力を適切な位置に動的に転送することで複雑な問題の解法を学習できるのではないかという期待は、ついに実現しなかった。

ラドフォード・ニール（Neal 1994）は一九九五年に、適度なサイズの訓練データセットに対しては、隠れ層を一層もつ順伝播型ニューラルネットワークが次のような場合にはるかに良く汎化されることを示した。それは、誤差逆伝播法から生成された勾配が、凹凸の激しい誤差曲面上にある重い粒子のように、可能な重み空間を動き回るために使用された場合である。この粒子は運動量が増す下り坂方向に向かいがちだが、この運動量は時々捨てられて、ランダムな方向への動きに置き換えられる。ときには、粒子の現在の位置に対応する重み集合が保存され、検証用データに対する予測が、これら保存された異なる重みベクトルすべてを使用する、異なるネットワークすべてから生成された出力ベクトルの平均をとることで生成される。またニールは、隠れユニットの数が無限大に近づき、出力接続における重み減衰[4]が適切に増加する場合、良いモデル空間からサンプリングを行うという彼の確率的手法は、「ガウス過程」として知られている手法と等価になることを示した。ガウス過程モデルによる予測値はより直接的な方法(Rasmussen and Williams 2006)で計算できるので、工学的な観点からは、適度なデータサイズの問題に対して、誤差逆伝播法を一つの隠れ層に用いる意味はあまりなかった(MacKay 2003)。機械学習の世界では、誤差逆伝播法は流行らなくなってしまった。後から振り返ってみると、ラベル付けされたデータの量と、利用可能な計算資源が、非線形な特徴量をもつ多層の膨大なモデリング力をうまく活用するには不十分だったためにこうした事態が生じたということは明白である。

一九八〇年代半ばに注目された、もう一つの新しい学習アルゴリズム(Hinton and Sejnowski 1986)は、本質的にまったく異なっていた。実用面では機能しなかったが、理論的にずっと興味をそそられるものであった。このモデルは初めから、二値ベクトル集合に内在する統計構造を捉える二値の分散表現を学習するために設計されたものだったので、ラベル付けされたデータを必要としなかった。このことの本質をもっと明確に言えば、この方法は各訓練事例を確率的生成モデルの望ましい出力からなるベクトルとして扱っているため、訓練データはすっかり高次のラベルで構成され、欠けているのは入力であった。ボルツマンマシンと呼ばれるこのネットワークは、訓練用ベクトルに固定できる二値の確率的可視ユニットの集合と、データのより高次の特徴量（多くの場合、偶然に期待されるよりも多く発生した）を表現することを学習した二値の確率的隠れユニットの集合を含んでいた。どのユニットも他のユニットに接続可能であり、さらに接続はすべて対称であった。視覚や統計の文献においては、このネットワークは、部分観測不均一マルコフランダム場（partially observed, inhomogeneous, Markov Random Field）もしくは無向グラフィカルモデルとして知られている。ボルツマンマシンはまた、入力ベクトルを与えたときの出力の分布を学習するのにも使うことができる。この条件付きの形のボルツマンマシンは、誤差逆伝播法で学習させた順伝播型ニューラルネットワークと同じ課題を解くことができるが、出力間の相関関係をモデリングできるという点で優位性が加わる。例えば、ある特定の入力ベクトルが与えられたとき、条件付きボルツマンマシンは、（1, 1）と（0, 0）という出力ベクトルには高めの確率を割り当て、（1, 0）と（0, 1）という出力ベクトルには低めの確率を割り当てることができる。順伝播型ネットワークにはこのようなことはできない。機械学習の文献では、これは条件付きランダム場（conditional random field, ＣＲＦ）として知られているが、機械学習で使用されるＣＲＦはほとんどの場合、隠れユニットをもたないため、独自の特徴量を学習することはできない。

接続の重みの学習が済んだ後、次のようにしてボルツマンマシンは知覚的推論ができるようになる。

可視ユニットにデータベクトルを固定したのち、隠れユニットを一回につき一個ずつ、繰り返し更新していく。更新は、二値の隠れユニットのそれぞれについて、他の可視ユニットや隠れユニットから受け取る入力(とその素子自身のバイアス値)の総和のロジスティック関数であるような確率で隠れユニットがもつ値を1に変更する。十分な時間が経過した後は、隠れベクトルは「定常分布」から取り出した標本になるため、どの特定の隠れベクトルも一定の確率で生起する。その確率は、データベクトルとどれくらい適合できているかには依存するが、隠れユニットの初期状態における活動パターンには依存しない。定常分布において高い確率で生起する隠れベクトルは、少なくとも目下のモデルによれば、そのデータベクトルに対する良い表現である。

訓練されたボルツマンマシンが行うことのできる別の計算としては、モデルが割り当てるのと等しい確率で可視ベクトルを生成するというものがある。この計算は、知覚的推論で用いられる計算とまったく同じプロセスを用いるが、こちらの場合は可視ユニットも更新される。しかし、ネットワークが定常分布に達するまでには非常に時間がかかる恐れがある。というのも、興味深いデータ分布をうまく表現するためには、この分布はきわめて多くの最頻値をもつ必要があるからである。多くの興味深い分布は、指数関数的に多くの最頻値をもち、各最頻値がほぼ同じ確率をもち、それらがはるかに低い確率をもつ領域で隔てられている、という性質をもっている。モードは、最も起こりやすいものに対応し、最頻値間の領域はほとんどきわめて起こりにくいものに対応する。

ボルツマンマシンが行うことのできる三番目の計算は最も興味深い。それは、訓練用データセット内のすべてのデータベクトルを生成する可能性が若干高くなるような方法で、接続の重みを更新することである。このプロセスは時間がかかるが、数学的には非常に単純であり、局所的に利用可能な情報のみを利用する。まず、推論過程が訓練データにおける代表的なミニバッチで実行され、接続されたユニットの各ペアについて、二値化された活動値の積の期待値がサンプリングされる。次に、ボルツマンマシンが定常分布から可視ベクトルを生成しているときに同じ計算が行われる。すると、重みの更新値は、推論時と生成時における積の期待値の差に比例する。この差は、訓練データを生成する対数確率の和の勾配の不偏推定値である。局所的な勾配はネットワーク内の他のすべての重みに依存するのだから、学習規則がこれだけ単純であることは驚くべきことである。ボルツマンマシンの最も魅力的な面は、ある接続が他の接続上の重みについて知る必要があるものすべてが、推論時と生成時における、その接続の活動値の積の期待値の差に含まれていることである。勾配に関する情報を明示的に伝播する逆方向の経路の代わりに、ボルツマンマシンが必要とするのは同じ計算を二回実行することだけで、一回はデータを固定した可視ユニットで、もう一回は固定なしで実行する。神経細胞に二つのまったく異なるタイプの情報を伝達させる必要はない。

学習に必要な統計量を収集するために、そのモデルからデータを生成すると、入ってくる情報の処理が中断されてしまうので、この処理が夜間のレム睡眠(Crick and Mitchison 1983)中に発生しているという可能性を考えたくなる。これでは一日に一度の重み更新しか許されないため、一見すると計算論的に具合が悪いように思える。しかし、このアイディアには、より妥当な解釈が存在する。夜間は、モデルからの生成は、二つの活動値の積の期待値の基準値を推定するのに使用される。その後、日中は、積がこの基準値を上回ると重みが増やされ、基準値を下回ると減らされる。こう考えることで、一日に多数回の重み更新が可能になる。しかし、日が経過するにつれて、学習の精度はだんだん低くなっていく。

認知科学の観点からすると、ボルツマンマシンは、実際に機能すれば、(ネッカーの立方体錯視で見られるような)多重安定性や、知覚的推論におけるトップダウン効果(McClelland and Rumelhart 1981)を示すと思われる点で興味深いであろう。また、シャルル・ボネ症候群に見られるように(Reichert et al. 2010)、入力が途絶えると、幻覚の傾向が生じるだろう。残念なことに、多くの隠れユニットと制約条件がないユニット間接続のために、上記のアルゴリズムによるボルツマンマシンの学習は非常に遅い。ボルツマンマシンにおいては、各ユニットペアごとの統計量の確率的サンプリングから生じるノイズを、平均化によって取り去るために、学習率を非常に小さく設定する必要があり、不偏サンプルを得るためには、生成段階で非常に長い時間を要する。そのため一九八〇年代では、検証用のごく簡単な課題にしか適用できなかった。テリー・セノウスキ(Terry Sejnowski, 一九八五年の私信)は、大きなボルツマンマシンを学習させるための最善策は、より小さいモジュールを個別に学習させる方法を発見することだと考えていたが、私たちはどうすればいいのかまったく見当がつかなかった。この問題に対する解決策は、神経細胞に似たネットワークにおける分散表現を学習する教師なし学習アルゴリズムの空間を、私たちが二〇年間も彷徨い続けた後、ようやく姿を現した。

## 3　有向グラフと無向グラフ

$$p(\mathbf{v},\mathbf{h}) = \frac{e^{-E(\mathbf{v},\mathbf{h})}}{\sum_{\mathbf{v}',\mathbf{h}'} e^{-E(\mathbf{v}',\mathbf{h}')}} \quad (1)$$

「グラフィカルモデル」とは、統計学と人工知能における分野の一つであり、パラメータとして、完全連結していないグラフを用いて表される局所構造をもっている確率モデルを、主に扱うものである。要素間に相互作用が存在しないことは、グラフにおけるエッジ(辺)の欠如として表現することができ、これは取りうる要素間の相互作用のほぼすべてが無視できる場合に、とても効率の良い表現となる。グラフィカルモデルは、有向グラフと無向グラフという、主に二つの種類に区別できる。

ボルツマンマシンのような無向グラフの場合、パラメータ(すなわち重みとバイアス)は結合配位(joint configuration)の「エネルギー」(すべての観測変数と潜在変数における二値の集合)を決定する。ボルツマンマシンは、「調和度」の負値として定義される、ホップフィールドエネルギーを用いている。この調和度は、すべての活性化ユニットにおけるバイアスの総和に、これらのユニットの各ペアにおける重みの総和を足した値である。結合配位に関する確率は、ボルツマン分布を用いて、他の結合配位と相対的なエネルギーとして決定される(式(1))。

ボルツマンマシンの学習則における推論段階では、可視ユニットにベクトルデータを含有している結合配位におけるエネルギーを最小化するのに必要な、データに依存する統計量を計算する。生成段階では、現在のモデルにおいて起こりうる頻度に比例して、全結合配位のエネルギーを上昇させるのに必要な、データに依存しない統計量を計算する。この学習則は、式(1)の除数の値を減少させることで、生成データをより確からしいものにする。

有向グラフィカルモデルは、まったく異なった形で学習を行う。有向グラフィカルモデルでは、変数同士は継承型半順序を持ち合わせている。モデルがデータを生成するとき、各変数の確率分布は「親」変数、つまり順序的に先にくる直接結合している変数とのみ依存関係をもつ。つまりこのモデルからバイアスのないデータを生成するには、まず順序的に最も上の位置に存在する変数の事前分布から値をサンプリングし、それから親のサンプルデータに依存している確率分布を使って、順番に各変数の値をサンプリングしていく。この依存性は、大きさが親変数の数に対して指数関数的に増加するような、条件付き確率の表、または親変数の状態ベクトルが与えられると、その子孫変数の確率分布を出力するようなパラメータ化された関数として表される。たとえば、ガウス混合モデルでは、ガウス分布の離散的な選択が最も上位の変数であり、この選択は、モデルからの生成時に低レベルの多次元変数がサンプリングされるガウス分布の平均と共分散を指定する。

隠れ変数をもった有向グラフィカルモデルの最も単純な例は、混合ガウス分布で一つの離散的な隠れ変数(どのガウス分布を選択するかを決める変数)をもったものと、観測データと線形に関係づけられている、実数値の隠れ変数ベクトルをもった因子分析である。これを動的データに拡張すると、隠れマルコフモデルや線形力学系になる。これら四つのモデルは統計学の中でも長い歴史がある。というのも、これらのモデルは解析的に推論ができる、つまり観測データのベクトルが与えられたとき、考えられるすべての隠れベクトルに対する正確な事後分布を計算する、効率的な方法をもっているからである。効率的な推論は学習後のモデル(事後分布)の使用を容易にし、またEM〔期待値最大化法〕

アルゴリズムの類を使った学習も容易にすることができる（Dempster et al. 1977）。

一九八〇年代、原理的な方法で不確実性を扱いたがっていた人工知能の研究者たちは、「ベイジアンネット」や「信念ネット」と呼ばれる、より複雑な有向グラフィカルモデルのための推論方法を発展させた。当初、彼らは学習に関して特段興味をもっていたわけではなかった。なぜなら、各離散変数の確率分布が親変数の値に依存関係をもたせる方法を特定するために、ドメインエキスパートを使うことを意図していたからである。ジューディア・パールは、任意の二つのノード間にパスが一つしかない場合に、有向グラフのエッジに沿って単純なメッセージを送信することによって、正しい推論が実行できる方法を示した（Pearl 1988）。彼の「確率伝播法」アルゴリズムは、隠れマルコフモデルに対するよく知られた「順―逆」推論アルゴリズムの一般化と見なすことができる（Baum 1972）。ヘッカーマン（Heckerman 1986）は、アドホックなヒューリスティックの代わりに適切な推論手順を使用するとエキスパートシステムがよりうまく機能することを示し、これは人工知能コミュニティの中でも開放的な考えをもつメンバーに大きな影響を与えた。ほぼ同時期に、統計コミュニティは、ノード間に複数のパスを含むが有向サイクルを含まない疎結合有向グラフィカルモデルで正しい推論を実行するための「ジャンクションツリー」アルゴリズムを開発した（Lauritzen and Spiegelhalter 1988）。

有向グラフィカルモデルに関するこの研究は当初、脳がどのようにして非線形な分散表現を学習しているのか理解しようとしていたコネクショニストのコミュニティではほとんど注目を集めなかった。グラフィカルモデルのコミュニティは主に、グラフの構造や変数をそれぞれの親に依存させる方法がドメインエキスパートに特定されるような、比較的小さなモデルに興味があった。その結果、グラフ内の個々のノードはすべて解釈され、有向エッジは生成モデルで意味のある因果効果を表せるようになった。対照的にコネクショニストのコミュニティにおいては、高い接続性をもつ多数のユニットを取得して、多数の訓練データに暗黙的に含まれる構造をモデル化することを学ぶことに関心を寄せ、学習には多数の異なる解法が存在し、ほとんどのユニットが単純な解釈性をもたないことを喜んで受け入れていた。

ラドフォード・ニール（Neal 1992）が、ボルツマンマシンで使われる確率的二値ユニットを、有向グラフィカルモデルを作るのに代わりに使えることを示したとき、この二つのコミュニティは接近した。このモデルは「シグモイド信念ネット」と呼ばれ、ユニットの確率分布が親ノードの値に依存するような方法をパラメータ化するために、ロジスティックシグモイド関数 $\sigma(x) = 1/(1+\exp(-x))$ が用いられる。モデルがデータを生成しているとき、子は親に影響を与えず、一回のトップダウンなパスで偏りのないサンプルを生成できるので、このモデルはボルツマンマシンとは異なっている。

ニールは複数の隠れ層をもつシグモイド信念ネットを実装し、その学習能力をボルツマンマシンの学習能力と比較した。シグモイド信念ネットの推論ではボルツマンマシンと同様の反復モンテカルロ法を使用するが、各隠れユニットは二つの異なるタイプの情報を観測する必要があるため、かなり複雑である。一つは、すべての親と子の現在の二値状態で、もう一つは、そのすべての親の現在の状態が与えられた場合にそれぞれの子の値が1になると予測される確率である。隠れユニットは、その二つの状態のどちらかを親が予測したものに合わせるか、子ユニットそれぞれの予測状態がその子の現在のサンプリング状態に一致することを保証するかの間にある、最良の妥協点に収束する傾向がある。

データベクトルの二値表現が事後分布からサンプリングされると、シグモイド信念ネットは式（1）の正規化項を扱う必要がないので、シグモイド信念ネットの学習手順はボルツマンマシンの学習手順より簡単になる。学習手順は単純なデルタ規則である。つまり、「シナプス後」の子からサンプリングされた二進値は、その「シナプス前」の親のサンプリング状態が与えられたときの、その子ノードが1になる確率と比較される。トップダウン重みは、親の値×子のサンプリング値と親によって予測される確率との間の差に比例して更新される。これは「デルタ」規則の生成モデル版である。

ニールは、シグモイド信念ネットがボルツマンマシンよりも、学習が速く進むことを示したが、これらの結果はそれほど大差があったわけではない。推論時においては、ボルツマンマシンと比べて余計な計算量がかかることを考えると、この結果はボルツマンマシンを神経のモデルとして見限る正当な理由のようには思えず、また同時に、シグモイド信念ネットの推論手順を単純化できる方法があるのだろうかという疑問が残った。

## 4　誤推論による学習

馬鹿げたように思えるようなアイディアが一つある。入力ベクトルが与えられたとき、複雑な相関を含む真の事後分布から隠れユニットの二値状態をサンプリングする代わりに、これらの複雑な相関を含まず計算が容易なはるかに単純な分布からそれらをサンプリングするのである。次に、これらのサンプリングされた状態を、あたかも正しい分布からのサンプルであるかのように学習に使用する。

しかしこれは、学習がモデルを改善することを保証しない、どうしようもなくヒューリスティックな方法である。隠れ状態が真の事後分布からサンプリングされるとき、重みに対して十分に多数のサンプリングを行い十分に小さい更新を行うという条件を与えると、学習によってモデルが訓練データを生成する確率を増加させることが保証される。しかし、隠れ状態ベクトルの不正確なサンプルを使用すると、この保証が無効になることは明らかである。実際、不正確なサンプルを故意に選択することで、重みの変更を確実に誤った方向に進めることもできるだろう。

符号化理論や統計物理学における議論を用いて、ラドフォード・ニール、リチャード・ゼメルと私(Neal and Hinton 1998, Hinton and Zemel 1994)は、誤った隠れ状態のサンプルを使った学習は、思ったよりはるかに賢明な方法であることを証明することができた。この方法は必ずしも学習データを生成するモデルの対数確率を上げるわけではないが[5]、この対数確率の下界である異なる量を改善することが保証されている。個々の訓練事例 $c$ ごとに定まるこの下界は、その訓練事例を生成する対数確率から、隠れ状態ベクトルが実際にサンプリングされる単純化された分布 $Qc$ と、それらがサンプリングされるはずの真の事後分布 $Pc$ との間の、〔分布間差異を表す量である〕ダイバージェンス $KL(Qc||Pc)$ を引いたものである。重みを調整してこの下界を最大化すると、次の二つのうちの一つが発生する。訓練データに関する対数確率が向上するか、または実際の事後分布 $Pc$ が近似に使用されている単純化された分布 $Qc$ により近くなるか、である。対数確率が下がる可能性があるとしても、事後分布を近似することをはるかに容易にすることによってのみこの最適化を行うことができるが、これは近似推論を行うための計算上簡単な方法が非常にうまく機能するモデルがあることを意味しているため、良いことで

ある。

ニールと私は一九九三年にこの種の「変分」学習に関する論文を書き、それを機械学習コミュニティで回覧してもらったが、当初はほとんど反響がなく、ある統計学の学術雑誌は私たちの論文を不採択とした。私たちの一九九三年の論文は、最終的にはグラフィカルモデルに関する本の一章(Neal and Hinton 1998)として登場し、一九九〇年代後半までには、変分学習に関するこの考えが非常に普及した。この方法は、真の事後分布を正確に計算するのが難しい複雑なグラフィカルモデルを学習するために、今では非常に広く使われている(Jordan et al. 1999)。

シグモイド信念ネットに変分学習を適用すると、計算が簡単になるように単純化された分布のクラス内で、最良の近似分布を見つけるために反復最適化の内部ループが必要となり、かなり複雑な推論と学習手順になってしまう(Saul et al. 1996)。しかしピーター・ダヤンは、もしさらなる近似を厭わなければ、推論と学習の両方が驚くほど簡単になることに気づいた(Hinton et al. 1995)。データベクトルが与えられた場合、隠れユニット上で最良となる階乗分布 $Q$ は $KL(Q\|P)$ を最小にするものである(ここで、$P$ は真の事後分布である)。その代わりに、高次相関量である $KL(P\|Q)$ を最小化するために別の順伝播型ニューラルネットを訓練すると、「覚醒—睡眠(wake–sleep)」アルゴリズムと呼ばれる非常に単純な学習手順が得られる。ボルツマンマシンと同様に、このアルゴリズムには二つのフェーズがある。一つはデータによって駆動されるフェーズで、もう一つはモデルからデータを生成するフェーズであるが、ここで類似点はなくなる。「覚醒」フェーズでは、順伝播型の「認識用」の接続を使用して、下の層のユニットの二値状態が与えられたときに、隠れた各ユニットの不正確な確率分

布を推測する（図2を参照）。次に、層内のすべてのユニットに、それらの推定分布とは無関係にサンプリングされた二値状態が与えられる。これは一度に一層ごとで行われるため、二値状態のみを通信する必要がある。すべてのユニットがサンプリングされた状態を考えると、シグモイド信念ネットを形成するトップダウンの「生成用」の接続は、前述のようにデルタ規則を使用して学習が可能である。「睡眠」フェーズの間は、このネットワークは単にそのモデルからサンプルを生成する。これらのサンプルを生成するというのは、層が隠れユニットの正しい状態を知っているということであり、ボトムアップな認識接続を学習するためのターゲットとしてこれらの状態を使用することができる。ここでもデルタ規則を使用するが、シナプス前ユニットとシナプス後ユニットの役割は、「覚醒」フェーズとは逆になっている。

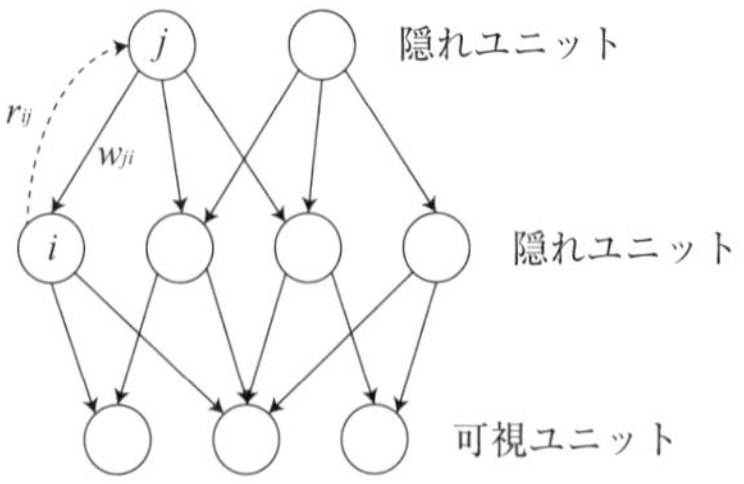


**図2**　ロジスティック関数を有する二値ユニットから構成された，多層信念ネット．睡眠フェーズ中にモデルから空想データを生成するために，上位にある各ユニットに対して，1または0の二値状態をランダムに選ぶことから始まる．次に，上の層でユニット $i$ がユニット $j$ から受け取る総入力 $\sum_j h_j w_{ji}$ に，ロジスティック関数 $\sigma(x)=1/(1+\exp(-x))$ を適用することによって，各ユニットをオンにする確率 $\hat{h}_i$ を決定する下向きの確率パスを実行する．ここで $h_j$ は，ユニット $j$ における二値状態である．各ユニットにバイアス項を追加することは簡単だが，ここでは単純化のために省略されている．$r_{ij}$ は，睡眠フェーズとまったく同じ推論手順を使用して，覚醒フェーズ中に一つの層内の活動値を，その下の層内の活動値から逆方向に推論するために使用される，認識用の重みである．

皮質が変分自由エネルギーを最小化することによって学習を行っているという考えは、最近カール・フリストンと彼の共同研究者によって支持されていて（Friston et al. 2006）、多数存在する有力仮説のうちの一つである。機械学習への貢献としても、覚醒—睡眠アルゴリズムは教師なし学習として興味深い学習形式であるが、多くの隠れ層がある深いネットワークでは学習がかなり遅くなり、実用的な応用には使用されていない。審美的にも、変分推論を近似するための学習に誤ったダイバージェンスを使用することは不十分であると考えざるを得ない。認識用接続がすべての隠れ層に対して単一のボトムアップパスで正しい推論を実行できるのであれば、はるかに良いだろうが、さすがにこれはどうしようもなく楽観的に思われた。

## 5　制限付きボルツマンマシン

非線形な分散表現を単純かつ正確に推論できるモデルの一つに、隠れユニット間の接続も可視ユニット間の接続もない「制限付きボルツマンマシン」（ＲＢＭ）がある。この特殊なボルツマンマシンがポール・スモレンスキー（Smolensky 1986）によって提案されたとき、テリー・セノウスキと私は、すでに一般化されたケースに関して学習アルゴリズムを発見しており、隠れユニット間の接続を削除すれば必ずモデルの学習能力が大幅に低下するため、この特殊なケースに特段興味を示さなかった。しかしＲＢＭは、深層ネットワークの学習という課題を、はるかに単純な課題に分割するために必要なものであることが後にわかった。

ＲＢＭでは、可視ベクトルが与えられると隠れユニットは条件付き独立となるので、推論中の可視ユニットと隠れユニットの活動値の積の期待値$\langle v_i h_j \rangle_{\mathrm{data}}$に関するバイアスのないサンプルを、一回の

$$p(h_j=1|\mathbf{v})=\sigma\left(b_j+\sum_{i\in \mathrm{vis}} v_i w_{ij}\right) \quad (2)$$

$$p(v_i=1|\mathbf{v})=\sigma\left(b_i+\sum_{j\in \mathrm{hid}} h_i w_{ij}\right) \quad (3)$$

$$\Delta w_{ij} \propto \langle v_i h_j\rangle_{\mathrm{data}}-\langle v_i h_j\rangle_{\mathrm{reconstruction}} \quad (4)$$

$$p(\mathbf{v})=\sum_{\mathbf{h}} p(\mathbf{h})p(\mathbf{v}|\mathbf{h}) \quad (5)$$

並行ステップで得ることができる。生成中に積の期待値$\langle v_i h_j\rangle_{\mathrm{model}}$をサンプリングするためには、すべての隠れユニットを並行して更新するということと、すべての可視ユニットを並行して更新するということを、交互に繰り返し、これを複数回行う必要がある。しかし、$\langle v_i h_j\rangle_{\mathrm{model}}$の代わりに次のようにして得られる$\langle v_i h_j\rangle_{\mathrm{reconstruction}}$を用いても学習はうまくいく。まず、可視ユニット上のデータベクトル$\mathbf{v}$から始めて、すべての隠れユニットを並行して更新していくのである(式(2))。ここで、$b_j$はバイアスであり、$w_{ij}$はユニット$i$、$j$間の重み、そして$\sigma$はロジスティックシグモイド関数である。それからすべての可視ユニットを並行して更新し、「再構築」を行う(式(3))。そしてすべての隠れユニットをもう一度更新する。一つ以上の訓練事例にわたってペアワイズ統計を平均した後、重みを式(4)のように並列更新する。この効率的な学習手順は、「コントラスティブダイバージェンス(contrastive divergence)」と呼ばれる量で勾配降下法を近似しており、大体の場合はうまく機能する(Hinton 2002)。

## 6　深層信念ネットを作るためのRBMの積み上げ

いったんＲＢＭの学習が終わると、その重みとバイアスによって、可視および隠れユニットにおける二値状態ベクトルの同時分布 $p(\mathbf{v},\mathbf{h})$ が定義される。同様に $p(\mathbf{v})$, $p(\mathbf{h})$, $p(\mathbf{v}|\mathbf{h})$, $p(\mathbf{h}|\mathbf{v})$ も定義される。$p(\mathbf{v})$ を表現する少し変わった方法は、ＲＢＭが隠れ状態として定義している $p(\mathbf{h})$ を事前分布として使うものである（式（5））。ここで、最初のＲＢＭによって定義された $p(\mathbf{v}|\mathbf{h})$ が保持されていると仮定する。ただし、式（5）の $p(\mathbf{h})$ を、**図3**に示すように二つ目のＲＢＭが可視ユニットとして定義する確率分布で置き換える。二番目のＲＢＭが、一番目のＲＢＭの $\mathbf{h}$ 上の総体事後分布を、一番目のＲＢＭの事前分布 $p(\mathbf{h})$ が同じ総体事後分布をモデル化したものより、良くモデル化した場合に限り、元の学習データのモデルを改善することを示すことができる[6]。

二つ目のＲＢＭが、最初のＲＢＭで定義された $p(\mathbf{h})$ と同じくらい良い総体事後分布モデルで、学習を開始させるのは簡単である。まずは単純に、二つ目のＲＢＭを最初のＲＢＭと同じになるように初期化するが、その後、可視ユニットが最初のＲＢＭの隠れユニットと同じになるように上下を逆にする。

二つ目のＲＢＭを学習した後、同じやり方をもう一度適用して、最初のＲＢＭの総体事後分布モデルを改善することができる。このようにしてＲＢＭを積み上げたモデルを学習した後、深層信念ネット（Deep Belief Net, ＤＢＮ）と呼ばれる特殊な混合モデルが完成する。このモデルの最上位二層は、無向な高レベルの連想メモリとして機能するＲＢＭである。ＲＢＭを積み上げる前から保持していたのは、$p(\mathbf{v}|\mathbf{h})$ を決定するためのトップダウン方向の重みだけなので、残りの層は有向な信念ネットを形成している。ボトムアップ方向のＲＢＭの重みを使用して、このＤＢＮでボトムアップ推論を実行

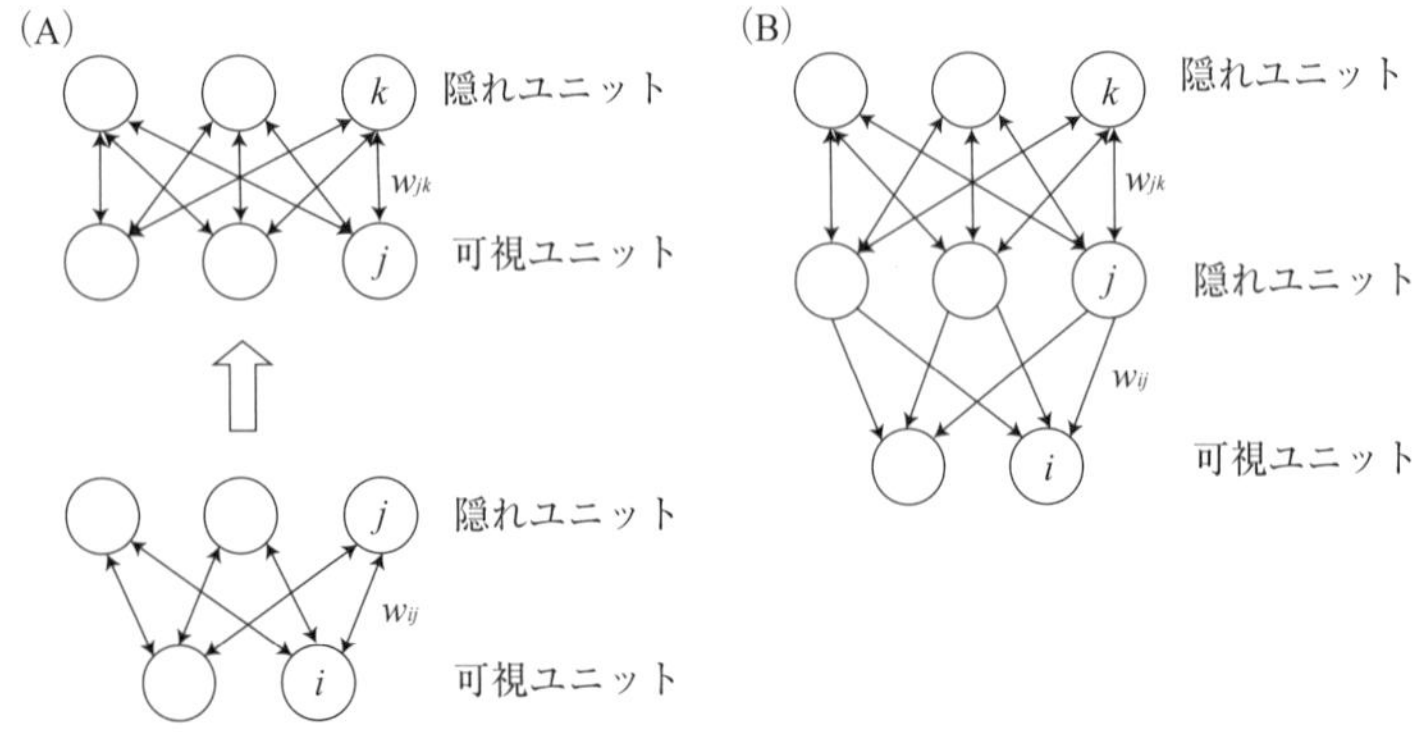


**図 3**　(A)分離された二つの制限付きボルツマンマシン(RBMs). 各 RBM の隠れ層内の二値確率変数は, 可視層内の二値確率変数と対称的に接続されている. 同じ層内では接続がまったくない. 上位の RBM は, 実際のデータが提示されている場合, 下位の RBM における, 推定された隠れ層の活動値で構成される「データ」を使用して学習が行われる.
(B)二つの RBM を合体して作られた混合生成モデル. 混合生成モデルの下位層における接続が有向となっていることに注意してほしい. 隠れ状態は依然としてボトムアップな認識用の接続を使用して推定されるが, これらはもはや生成モデルの一部ではない.

しても、真の事後分布からサンプルを取得することはできない。それにもかかわらず、スタックに別のRBMを追加するたびに、直前のDBNよりも訓練データの対数確率に対するより良い変分下界をもつ、新しいDBNを正しい方法で得られることを示すことができる。

## 7　深層信念ネットの微調整

RBMを積み上げてDBNがつくられたとき、初期層の重みが、その層より後ろの層で学習された重みに適合できるように、システム全体を微調整することが可能になる。DBNを微調整するには、生成的な目的関数か識別的な目的関数のどちらかを使用することができる。生成的な微調整は、ＤＢＮが訓練データに割り当てる確率を最大化し、コントラスティブダイバージェンスを使った覚醒―睡眠アルゴリズムを用いて行うことができる。最上位のＲＢＭに含まれていない各接続は、ボトムアップな認識用の接続とトップダウンな生成用の接続に分割され、かつこれら二つの接続の重みは固定されているので、この二つの値は異なってくる。

学習の「覚醒」フェーズでは、すべての隠れ層におけるユニットが、認識用の接続によってボトムアップに駆動される。すべての隠れユニットに対して、二値状態を選択するボトムアップなパスが実行された後、生成用の接続が、一つの層の二値活動状態を、一つ上の層の二値活動状態から再構築できるように学習が行われる。これは、第３節で説明した通り、デルタ規則を用いて行われる。ボトムアップなパスの後に、生成用の接続を使用するトップダウンなパスが続くが、モデルの最上位層の隠れ状態からサンプリングする代わりに、ボトムアップなパスによって生成された最上位層の隠れ状態を使用する。

コントラスティブな覚醒―睡眠学習が行われているとき、最上位のＲＢＭの結合状態は、対称性が保たれたまま、通常のコントラスティブダイバージェンスの学習則を用いて学習される。微調整の後、モデルから生成されたサンプルは実際のデータにより似たものとなる。手書き数字の画像生成を学習した、三つの隠れ層をもつモデルのデモは、http://www.cs.toronto.edu/~hinton/digits.html にある。

ＤＢＮを微調整するまったく異なる方法は、ラベルを出力する最終層を追加して、モデルが正しいクラスラベルに割り当てる対数確率を最大化する識別目的関数を使用することである。積み上げたＲＢＭを教師なし学習することは、入力ドメインの構造をモデル化できる良い特徴量を発見する役割を担う「事前学習」段階とみなされる。これらの特徴量の多くはどの識別課題とも無相関であるが、相関がある特徴量は、真のデータ源と関係がありそうなデータと、非常に強い高次相関を表すため、元の未加工データよりもはるかに有用である。これらのデータと相関のある特徴量は、ラベルユニットに強い重みを与えることができ、それらは識別に対してより有用となるように微調整を行うこともできる。これは、最終層にラベル用の層を追加して、ＤＢＮを単に順伝播型ニューラルネットワークとみなし、通常の誤差逆伝播法を用いることで行われる。これにより、多くの隠れ層がある深い順伝播型ネットワークにおいては、誤差逆伝播法がはるかに良く動作するようになる(Hinton and Salakhutdinov 2006)。たとえば、誤差逆伝播法で微調整されたＤＢＮは現在、ベンチマークのＴＩＭＩＴテストセットで音素を認識するための、話者に依存しない最も良い方法である(Dahl et al. 2010)。

広範囲にわたるシミュレーションに用いて、ドゥミトル・エルハンら(Erhan et al. 2010)は、積み上げたＲＢＭを事前学習することで、誤差逆伝播法が非常にうまくいくようになる理由が二つあることを示した。一つ目は、隠れユニットが事前学習で健全な特徴量に初期化されるとき、誤差逆伝播法は訓練データ上でより良い極小値を見つけることができるということである。重みの初期値が全パラメータ空間の中の良い領域に設定され、誤差逆伝播法は良い特徴量を一から設計する必要がないので、最適化がはるかに簡単になる。つまり、判定境界が正確に正しい場所になるように、特徴量をわずかに調整するだけでよくなるのだ。

第二の理由は、教師なし事前学習の後に見いだされた最小値が、テストデータに対するかなり良い汎化を与えることである。おそらく、学習された重み情報の大部分は、入力からラベルにマッピングされる関数をモデル化することではなく、入力のパターンをモデル化することに由来するものであるため、過学習を被ることはほとんどない。入力パターンにはラベルよりもはるかに多くの情報が含まれているため、入力データ自体をモデル化することで、入力データによるラベルのモデル化よりも多くのパラメータを明確に説明できる。これは、事前学習用のラベルがない大量のデータと、微調整用のラベルがある比較的少量のデータが存在する学習課題では、特に重要である。[7]

大きなボルツマンマシンを学習するための効率的でモジュール的な方法を探索していたところ、結果的に深い順伝播型ニューラルネットワークにおいて誤差逆伝播法をよりうまく機能させる方法が見つかることになったのは、不思議な運命のいたずらとしか思えない。しばらくしてから、ルスラン・サラクトディノフと私は、真に深層ボルツマンマシン(Deep Boltzmann machine, ＤＢＭ)と言える複合モデルを作成するための、はるかに非自明なＲＢＭの積み上げ方法を発見した。

## 8　深層ボルツマンマシンを作るためのＲＢＭの積み上げ

ＲＢＭがその隠れユニット上に定義した以前の分布を、スタック内の次のＲＢＭによって定義された分布で完全に置き換えるのではなく、ボトムアップ方向の重みの半分とトップダウン方向の重みの半分を使用して、これら二つの分布の幾何平均を取ることができる。このＲＢＭのスタックが深く、かつ真ん中の層の場合、この作業は簡単に行うことができる。つまり、単純にＲＢＭを学習させ、それからスタック内の個々のＲＢＭを構成するときにすべての重みとバイアスを２で割って深層ボルツマンマシンを作るのである。スタック内の最初のRBMについては、ボトムアップ方向の重みを半分にする必要があるが、トップダウン方向の重みは半分にする必要はなく、最終的に重みを対称的にする必要がある。そのため、ボトムアップ方向の重みは、トップダウン方向の重みの2倍になるという制約条件で、このRBMを学習させる。これはもはや厳密にはRBMとは言えないが、コントラスティブダイバージェンス学習は依然としてうまくいく。逆に、スタック内の最後のRBMについては、最後の深層ボルツマンマシンにそれを追加すると、事前学習中にトップダウン方向の重みをボトムアップ方向の重みの2倍に制限することも、結合行列をもつ二セットの隠れユニットを使用してこれらのセットの一つを破棄することもできる。

## 9　深層ボルツマンマシンの微調整

深層ボルツマンマシンがRBMから構成された後、生成モデルを改善するためにすべての重みを一緒に学習することが可能である。二つのユニット間の対称接続の重みを更新するための正しい最尤法は、推論と生成の間に活動値の積の期待値の差を使用することである。しかしながら、多くの隠れ層では、真の事後分布から活動値の積をサンプリングすることは非常に難しいため、正確な推論を実行する代わりに、データベクトルを考慮して、隠れユニットでの活動が独立していると仮定される、はるかに単純な分布を使用する変分近似に頼る。したがって、微調整は訓練データを生成する対数確率の変分的下限を最適化するだけである。

モデルから生成するときの活動値の積の期待値を推定するために、変分近似を使用することは許されない。なぜなら、これらの積が勾配に負の項を与えるからである。結果として、変分近似を生成期待値に使用する場合、変分境界をよりきつくするために重みを調整する代わりに、学習は境界をできるだけゆるくしようとするが、これは非常にまずい事態である。ルスラン・サラクトディノフはこの問題に関して、各重みの更新後に状態が更新される再帰的マルコフ連鎖を複数使用して、生成期待値を推定することで解決できることに気づいた(Neal 1992)。これは、それぞれの再帰的な連鎖において、すべてのユニットの二値状態を覚えておく必要があることを意味する。(8)

生成モデルに間隔の空いた多数の異なる最頻値がある場合、かつこれが多くの応用に必要なものである場合、すべての異なる最頻値にわたって活動値の積を正しく平均するには、非常に多くの再帰的な連鎖が必要になる。しかし実際には、少数の再帰的連鎖だけでも非常にうまく機能する。これは、連鎖によって提供された活動値の積が、モデル自身の信念を忘れるのに使用されるためである。そのため、エネルギー地形は、再帰的な連鎖が現在どのような状態にあるかにかかわらず、エネルギーを上げるように修正されていく(Tieleman 2008, Tieleman and Hinton 2009)。これにより、連鎖は急速にエネルギー地形の別の部分に移動する。学習データをまったく含まない、深いエネルギーの最小値で連鎖が止まってしまうと、連鎖がこの局所値から脱出するまで、学習によって、このエネルギーの最小値が素早く上昇する。したがって、学習によって、連鎖の状態は学習がオフになっている場合よりもはるかに速く移動する。これは、多数の隠れ層と何百万もの重みをもつ深層ボルツマンマシンが微調整できるようになるという、まったくもって思いがけない現象をもたらす(Salakhutdinov and Hinton 2012)。

データに依存する統計量を推定するために再帰的な連鎖を使用することも魅力的であり、これは小規模なデータセットにもうまく機能する(Neal 1992)。ただし、大規模なデータセットの場合は、学習事例を集めた小規模なミニバッチの後に重みを更新するほうがはるかに効率的である。つまり、同じ学習事例を再度訪れる頃には、重みが大幅に変更されていることになる。その結果、その学習事例における再帰的な連鎖は、もはや現在の重みにおける定常分布の近くのどこにもない。

## 10　まとめ

一九八六年頃には、分散表現を学習するための最適な方法として、誤差逆伝播法がボルツマンマシンの学習アルゴリズムに取って代わった。この論文ではまず、確率生成モデルの学習方法における、三つの進展について説明した。これら三つの方法は、決定論的な順伝播型ニューラルネットワークの重みを初期化するための、非常に良い方法をもたらした。これにより、誤差逆伝播法は以前と比べてはるかにうまく機能するようになった。

深層ボルツマンマシンの重みも同様に初期化することができ、四番目の進展では、深層ボルツマンマシンを生成モデルとして微調整することができる。二五年経った今、これでようやく、大規模な深層ボルツマンマシンの学習が可能になったのである。

（1）　変分学習：グラフィカルモデルの台頭後、ボルツマンマシンで使用される確率的二値変数が有向生成モデルで使用できることが明らかになり、これが確率ニューラルネットワークへの関心を高めることになった。これらの有向ネットワークは、隠れ状態を事後分布からサンプリングすることができれば学習は容易であるが、この分布からのサンプリングは大規模で高密度に接続されたネットワークでは実行不可能である。学習はデータを生成する対数確率の変分下界を最適化するため、驚いたことに、非常に単純な分布から隠れ状態をサンプリングしても学習は依然としてうまくいく。この下界を最適化すると、学習データの生成確率を最大にし、それを近似するために使用されている単純分布に真の事後分布を可能な限り類似させる、という二つの目的関数の間で最適な平衡点に学習が収束していき、重みが更新されていく。

（2）コントラスティブダイバージェンス：ポール・スモレンスキーによって初めて記述された、ボルツマンマシンを表す非常に単純な形式があるが、これは隠れユニット自体がデータから独立しているため、推論が非常に簡単となる。ただこれは、モデルからのサンプルが必要であり、また無向モデル用のサンプリングは難しいので、学習に関しては依然として考える必要がある問題である。この場合も、解決法は誤った統計量を使用することである。この場合、生成中の活動値の積は、隠れ状態での活動からデータを再構築した後における活動値の積に置き換えられる。ユニット間の接続の仕方が非常に制限されているが、これでようやく大規模なボルツマンマシンの学習が可能になった。

（3）ＲＢＭを積み上げることで深いモデルを形成する：一つのＲＢＭを学習した後、その隠れユニットの状態は他のＲＢＭを学習するためのデータとして使用することができる。このようにして学習したＲＢＭのスタックは、誤差逆伝播法で調整するために、順伝播型ニューラルネットワークの重みを初期化するのに良いものとなる。しかしながら、ＲＢＭのスタックによって形成されたこの複合生成モデルは、多層ボルツマンマシンではない。上位二層に無向ＲＢＭ、下位層に有向信念ネットをもつハイブリッドなモデルである。ＲＢＭから多層ボルツマンマシンを構成するには、隠れ層がその層を含むスタック内の二つのＲＢＭから受け取るトップダウンな入力とボトムアップな入力を、平均する必要がある。

（4）　変分学習と再帰的なマルコフ連鎖を合体させる：ボルツマンマシンの効果的な学習手順を見いだす初期の試みでは、データに依存している統計量とデータと独立している統計量の両方を推定するために、同じ方法が使用されるであろうと仮定していた。小さなミニバッチや大きなデータセットを使用する場合、変分法はデータから独立した統計量には適しておらず、再帰的マルコフ連鎖はデータと依存関係をもつ統計量には適していない。というのも、特定のミニバッチに関する再帰的連鎖で保存された状態が、そのミニバッチが再び与えられる頃には、すでに古くなっているためである。しかし、データ依存な統計量のための変分学習と、データから独立した統計量のための再帰的連鎖を組み合わせることは、変分近似の厳密化に加えて、再帰的なマルコフ連鎖が急速に変化するように学習を行うという、まったく予想できなかった相互作用のおかげでうまく機能するようになる。すでに事前学習されている深層ボルツマンマシンの場合、この組み合わせは非常に効果的である。

本論文では、一九八〇年代に提案された二つの学習手順が、この二五年間でどのように進化したかを説明した。私は、これらの学習手順をうまく機能させるために必要な、主要なアイディアにのみ焦点を当てた。他の重要な進展については、ここでは取り上げることができなかった。それは、使用できるユニットに関する研究(Welling et al. 2005, Neal and Hinton 1998)、ユニット間を相互作用させる方法(Hinton 2010)、重みを共有する方法(Lee et al. 2009)、時系列データに適用するための変更(Taylor et al. 2011)、というトピックなどである。取り上げることができなかったもう一つの重要な話題は、学習前段階でRBMの代わりに使用できる教師なしモジュールの開発についてであった。これらには、ヨシュア・ベンジオのグループによって開発されたノイズ除去および収縮オートエンコーダーモジュール(Vincent et al. 2010, Rifai et al. 2011)、およびヤン・ルカンのグループによって開発された、スパース(粗)なエネルギーベースのモジュールが含まれる(Ranzato et al. 2007)。

## 11 ニューラルネットワークモデルの将来に関する私見

私は現在、この論文で使用されている非常に理想化された「神経細胞」が、実際の神経細胞モデルとしては、深刻な欠陥があるのではないかと確信している。一般的に、実際の皮質神経細胞では効率的に信号値を伝達できないと思われている。マークラムらの実験(Markram et al. 1997)は、シナプス学習則がスパイクの正確な時刻に非常に敏感である可能性があることを示しており、これはスパイクの時間間隔が信頼できず、ほとんど情報を伝えないという考えに疑問を投げかける。信号処理を実行するとき、0または1だけを用いて通信することは、0または約10パーセント以内の精度をもつ実数と1との組み合わせを通信することほど有用ではない。何億年もの進化が、スパイクの正確な時刻を使って追加的なアナログ値を伝えられることに気づかなかったのなら、それは非常に驚くべきことではないか。音源定位のような課題においては、スパイク間隔を1ミリ秒以内の精度で正確に作ることが可能なので、進化がこのおまけの帯域幅を利用するのを妨げられるとしたら、皮質神経細胞のノイズが非常に多くなるような他の非常に重要な理由がある場合だけであろう(Buesing et al. 2011)。

もちろん、スパイクの正確な時刻が役立つためには、神経細胞はそれらを用いて計算できないといけない。したがって、ここでは、どのようにこの計算が行われるか、手短に説明してみよう。私がここで提案する方法は、細かい部分においてはほぼ確実に間違っているが、信号処理のためにスパイクの時刻を用いることがどれほど有用であるかがわかれば、いずれも問題含みの二つの可能性から選ばざるを得ない。その二つの可能性とは、脳がスパイクの時刻を使ってアナログ値を伝達しているか、アナログ値を伝達する必要がない妥当な理由が存在するか、である。

最初に検討するのは、いくつかの実数値を比較して、それらの多くがほぼ等しいかどうかを確認する演算である。この演算を、二値、シグモイド、または線形な閾値をもった神経細胞を使用して行うのは非常に困難である。たった二つの値の比較でさえも、有名なXOR問題を解くのと同等となり、追加の処理層を必要とする。スパイクの時刻を使えば、これはたやすい。順伝播型の興奮信号を使用し、数ミリ秒後に一つ以上の抑制性介在神経細胞を介した、順伝播型の抑制信号を使用するだけである。その閾値を超えるためには、抑制信号が到着する前に、受信側の神経細胞が同じ狭い時間窓内でいくつかの興奮性スパイクを受信しなければいけない。受信したなら、神経細胞はいくつかの数が一致することを検出したのであり、一致したかどうかを表す二進値をスパイクを出すことによって、また、一致した値をスパイクの回数によって、報告する。

次に検討するのは、スパイクの時刻を表すベクトルとシナプスの重みを表すベクトルのスカラー積を計算する演算である。説明を簡単にするために、興奮性シナプス後電位が非常に速い立ち上がり時間をもち、それに続く約20ミリ秒の間は一定の電荷注入速度を有するという大まかな仮定をおく。また、大域的な振動があり、この振動の特定の位相が「デッドライン」と呼ばれるとする。このデッドラインの前の時刻$t_i$に到着したスパイクは、$w_i$の速度で電荷の注入を開始する。したがって、デッドライン時点で注入された電荷の時間積分はスカラー積$\sum_i t_i w_i$となる。この乗算は時間積分によって計算され、加算は電荷の加算によって計算される。それから、注入された電荷の量を、発射されたスパイクの時間進行度に変換する必要がある。これは、デッドラインから始まり、$1-\sum_i w_i$の速度で追加の電荷を注入することによって実行できる。電荷の総注入速度は1になり、神経細胞がデッドライン後に閾値を超えるまでの時間は、デッドラインまでにすでに注入された電荷の量だけ正確に進むことになる。よって、スカラー積が計算され、またこの積が、大域的な振動の1周期におけるスパイクの時間進行度に再び変換されている。

この過度に単純化されたモデルには多くの問題がある。それは、興奮性シナプス後電位は時間とともに減衰し、電荷の注入速度は膜電位に依存し、デッドライン後に入ってくるスパイクは阻止する必要があり、膜漏れがあり、そしてすべての数値が正値とは限らない、などである。それにもかかわらず、乗算するための時間積分、加算するための電荷累積、および累積電荷を発射スパイクの時間進行度に変換するための追加のクロック入力の組み合わせは、スカラー積を計算するために膜を使用する非常に効率的な方法のように思われる。

もし正確なスパイクの時刻が皮質で使用されているなら、これを支持する、より実験的な証拠がないことは、かなり驚くべきことである。考えられる理由の一つは、実験者がスパイクの時刻を誤った種類の情報と相関させようとしてきたことである。例えば、下側頭皮質では、スパイクの存在は特定の種類の物体の存在を表すために使用され、スパイクの正確な時刻は姿勢パラメータ（すなわち、観測者に対する物体の位置、方向、縮尺）を表すことができる。すると、スカラー積を使用して、ある部分のすべての姿勢パラメータから全体の姿勢パラメータの一つを予測でき、多くの部分が一致するならば、神経細胞は全体が存在するという結論を下すために、そしてまた姿勢パラメータの値を報告するために、この偶然の一致を使うことができる。スパイクの正確な時刻は、視覚的な物体の存在の有無に関する追加情報は伝えないが、物体の姿勢に関する情報を伝える。これは下側頭皮質で探す価値があるように思われる。[9][10]

神経細胞がおおよその実数を伝達することができるという考えはまた、コアースコーディング（coarse coding）の背後にある主な動機の一つを弱めてしまう（Rumelhart et al. 1986a）。コアースコーディングでは、３Ｄオブジェクトの六つの姿勢パラメータ（三つの方向と三つの位置）は、それぞれが六次元姿勢空間に大きな受容野をもつ多数の二値神経細胞を使用してコード化される。活動的な神経細胞が集まった受容野が交わる領域では、六つの姿勢パラメータをかなり正確にコード化することができる。実際に、受容野が大きくなるにつれてコード化の精度が良くなるため、受容野が大きくなることで、姿勢の表現の正確さが失われると解釈されることはない。これは二値神経細胞を使用する独創的な方法だが、数値が六つしかないのは、はるかに効率的であり、物体を認識するのに必要な計算にとってもはるかに便利である。物体の認識は、前段落で述べたように、どの部分をとっても同じ姿勢を全体に対して予測すること、それゆえに部分同士が互いに適切な空間的関係をもつことを認識することによって行う。姿勢パラメータのベクトルと空間的関係を記述する重みベクトルとのスカラー積は、コンピュータグラフィックスが視点をいとも簡単に扱う方法であり、皮質が同じ方法を使用するのは理にかなっている。視覚が逆グラフィックス(inverse graphics)であるという考え(Horn 1977)は、単なる指針以上のものであるかもしれない。つまり、全体の姿勢をそれぞれの部分の姿勢に関連付けるために使用される、行列の乗算のレベルにまで当てはまるのかもしれないということである。

## 注

(1) 本論文の最終章で、スパイクのタイミングに関する問題を再び取り上げる。

(2) これは、各モデル「神経細胞」を実装するために、同様に調整された実際の神経細胞の集団を使用するか、より長い時間間隔にわたるレート符号を用いることで実装が可能かもしれない。

(3) 局所的にランダムサーチを使用して勾配を推定することは常に可能であるが、数百万の次元をもつ空間では、この方法は勾配を効率的に計算する逆伝播のような方法と比べると数百倍遅い。

（4）重み減衰は、重みの値の二乗に比例する余分なペナルティ〔正則化項〕を加えることにより、重みを小さな値に止める。ペナルティの勾配が重みを0に引き寄せる。

（5）すべての訓練事例の生成確率の積を最大化することは、対数確率の合計を最大化することと同じである。

（6）総体事後分布は、個々の訓練事例に関する事後分布をすべて、均等に重み付けて混合した分布である。個々の事後分布が指数族であっても、総体事後分布は指数族とはならない。

（7）これは明らかに、子供が身近な物の呼び名を学ぶ状況と同じである。

（8）実際には、代替層の状態を覚えておけば十分である。

（9）これは、コンピュータグラフィックスで行われているように、部分の姿勢パラメータが行列の乗算として空間関係をモデル化できるように表現されている場合にのみ機能する。画像から姿勢パラメータの正しい表現を抽出することを学習するニューラルネットワークは Hinton et al.（2011）に記されている。

（10）海馬の場所細胞では、大域的な振動に対するスパイクの位相が、フィールド内のラットの位置を表すために使われているという証拠がある（O'Keefe and Recce 1993）。

［座談会］

# 人工知能研究は何をめざすか

池上高志　石黒　浩　梅田　聡
佐藤理史　中島秀之　開　一夫

## 人工知能のイメージ

**開** 今、新聞にはＡＩとか人工知能という言葉が毎日出ていますが、そういうのと研究としてのＡＩとは、けっこう乖離があると思うんです。「ディープラーニングや機械学習イコール人工知能」と思っている人もいそうです。心理学とか神経科学の研究をされている梅田さんから見て、今のＡＩってどういうイメージですか。

**梅田** 人工知能の「三度目の夏」というのがディープラーニングに特徴づけられるのだとすると、その前までは、かなり脳機能ベースの知能をイメージしていました。つまり、知的な人間の脳の機能にいかに近づけるかというふうなものです。

ところが、パターン学習が主流になって、人間がとても追いつけないようなボトムアップのものに入ってきたな、という感じがしています。人間の記憶力なんて当然限界があるわけだし、人間の脳をもうモデルにする必要はなくて、その先を行くようなところに入ってきたのかなというのが第一印象です。ヒトのモデルというか、人間に近づけようというところを越した世代に入ったのかな、というような印象があるんですけれども、それは正しいですか。

**開** 越したかどうかはちょっとわからないですけどね。人工知能って言葉も、ダートマス会議(一九五六年)の頃からたぶん議論はあったと思うんですよ。Artificial Intelligence というネーミングも、本当は Computational Intelligence としたほうがいいんじゃないかって。僕もどちらかというとそっちがいいと思うんですけど。そもそもartificialって、何かartificial taste（人工的な味）みたいな、あまりいいイメージはないじゃないですか。にもかかわらず、わざわざ人工知能というようになった理由を考えると、実は、今の人工知能はけっこうそういう意味でのartificialなところが前面に出ているような気がします。あまり脳のモデルとか言わずに成立していても、文句は出ないんじゃないかなと。

**梅田**　少し距離がある領域から見ていると、人工知能といっている、その「知能」というのは何なんだろう？という疑問をもちます。たとえば心理学における知能の研究というのは、今はあまり盛んではありません。教育心理学で知能の研究をしたり、全国の小学校、中学校で知能検査をやっていた時代がかつてありましたが、今はほとんどやられなくなりましたし、そもそも知能というのを何で測ればいいんだ？とか、いろいろ批判もあって、知能という概念自体が以前ほどに使われていないんですよね。

人工知能という言葉はある種のラベルだと思うんですけれども、そこに知能というものの概念があって、みんなのコンセンサスがあるんでしょうか。

**石黒**　僕らは「人工知能」とは言い出してない。僕が、京大の石田亨先生とかによく言われたのは、人工知能の研究じゃない、問題解決や、アルゴリズムの研究をしているのだということ。ディープラーニングで一部の問題がちょっとうまくいって、人工知能って言い出したのはマスコミで、僕らじゃないんですよ。統計学習とか言えばいいのであって。マスコミには「知能」と言わないとわからないと言われますが、知能が定義されてないので、わかりようがないじゃないですか。

**中島**　まず、artificialのほうから言うと、サイモン（Herbert Simon）が*The Sciences of the Artificial*（人工

物の科学）という本を第三版まで書いた。あの本の趣旨は、人工物であるところが大事だということで、自然科学じゃないぞということ。僕流の言葉で言うと、構成的学問体系であって分析じゃないぞ、というところがすごく大事だと思う。どう呼ぶかは別としてね。

それから、「知能って何？」ってほうなんですけど、僕は二〇一五年に『知能の物語』という本を出して、これは「人工」って付けてないのね。ずっとやっていて行きつくところは人間の知能だと僕は思っている。だから問題解決とかをやっているのはいいんだけど、どこを見ながらやっているかというと、やっぱり人間の知能を見ながらやっている。少なくとも僕がそうなので、そうするとやっぱり、やればやるほど「人間ってすごいな」というのが見えてくるということで、機械との差をどんどん感じている今日この頃なんですけどね。

**佐藤**　基本的に、現在の課題を考えるときに、技術的な側面と、社会にどう捉えられているかという側面は、分けて考えたほうがいいと思うんですね。今の話は、だいたい後者の話で、それはおっしゃる通りだと思います。マスコミや世間が勝手に使っている。ただ、多くの人々は、ＡＩという言葉で何をイメージするかというと、スパコンだったりするんですね。日本のどこかに、何かすごいコンピューターがいくつかあって、それがＡＩなんだ、と。ＡＩって物だと思ってるんですね。だから、持ってくればここで使えると思ってる。

**中島**　「ＡＩが入った何とか」っていう言い方でしょ。

**佐藤**　「ＡＩが入った」じゃないんです。物なんですよ。ある意味、ドラえもんだったり、ＳＦで出てくるようなロボットだったりするわけです。多くの人々のＡＩの第一印象というのは。

で、僕は、基本的にＡＩというのは学問分野のネーミングだと思っていて、物の名前ではないと思ってます。だって、ＡＩで研究されてできたものは、少なくとも現状では、単なるコンピューター・プログラムだったり、単なるシステムだったりするので。単に、アルゴリズムで動いてるだけです。それが、おそらくぜんぜん伝わっていないというのが、社会的には大きな問題だと思います。

もう一つの技術的な話については、ディープラーニングが本当にどのぐらいパワフルなものなのかというのは、まだ個人的にはよくわかっていないんですけれども、できているものを見ると、ある意味、条件反射的なことしかできていないのかなぁというイメージ。つまり、パブロフの犬をトレーニングする代わりに、ディープ・ニューラルネットをトレーニングしているだけなんじゃないかと。

そう考えると、一見、知能的なタスクがうまくできているように見えるんだけど、要は、パブロフの犬が非常に高度になっているだけであって、たとえば、ディープ・ニューラルネットに記号積分ができるか。これはウィンストン(Patrick H. Winston)も言っていたんですが、そんな話は、一度も聞いたことがないと。

**中島**　できないでしょうね。

**佐藤**　ですから、ディープラーニングが今回のブームのきっかけになったのはその通りだと思うんですけれども、技術的に本当に何ができるのかっていうのは十分にわかっていないんじゃないのかと。

## 今のＡＩは「弱いＡＩ」

**中島**　ディープラーニングは、「中国語の部屋」（哲学者ジョン・サールの思考実験）の「弱いＡＩ・強いＡＩ」でいう「弱いＡＩ」という言い方がちょうどいい。要するに、物まねとか、条件反射とか、表引き（表の中から条件にあう情報を検索すること）とか、とにかく見たものをそのまま真似る、中身はわかっていません、というので使っている。その上に、たとえば昔やっていた推論とか何かを乗せないと「強いＡＩ」にはならない。

**石黒**　結局、ディープラーニングができるのは統計的な処理だけで、ノイズ処理がけっこううまくいったから、画像のインデキシング（索引付与）とか音声の処理ができるようになった。昔はそれがけっこうボトルネックで、その先に行けなかった。今は、たとえばフェイフェイ・リー（Fei-Fei Li）とかがやっている意味ネットワークみたいなのと組み合わせて、一九九〇年頃にいろいろな内部表現の研究をしていたのに戻ってきた。

**中島**　うん、ちょうどそれ、今やれると思っている。ＩＣＯＴ（新世代コンピュータ技術開発機構。「第五世代コンピュータ・プロジェクト」の中核組織）時代のエキスパートシステムは結局、穴が開いてたわけね。典型的には、暗黙知が扱えないという。そこが今はディープラーニングでできるので、もう一回同じことをやればできるんじゃないの、というふうには思っています。

**石黒**　流れはそうなってますね。

**池上**　コンピューターが速くなったのが一番なんじゃないの。

**開**　コンピューターが速いのと、データの量が莫大に増えたというのは、すごく強い。でも、ディープラーニングのやり方はすごいかもしれないけど、コンピューターができたときの第一世代が転機だと思うんですよ。そのときは、データはショボいし、メモリだってバカみたいに少ないし、ノロマなコンピューターだし、それでも「これ、使えるんだ」というふうに思った人たちは、すごい先見の明があったと僕は思うんです。サイモンとかミンスキー(Marvin Minsky)とか。

**石黒**　でもミンスキーは統計学習が大嫌いじゃないですか。「あんなんで、ぜんぜん人間なんかできねぇ」って、僕は三日三晩、怒られましたよ(笑)。

**開**　まあ、僕もそうなんじゃないかなとは思う。だけど、あの時代にこういうふうになるって、ある程度予測してたから、一生懸命やってたんだろうと思うんです。今はデータもあって、速いコンピューターもあって、道具立ては揃ってるけれど、やっぱりまだできないことがあるというか、やるべきことがあるんじゃないかというのをみなさんに聞いてみたい。

## 知性の元はランダムネス?

**石黒**　やっぱり、必要なデータが膨大すぎて、すごく非人間的な感じがする。

**開**　そうなんです。先ほど中島さんがおっしゃっていた、内部表現のようなトップダウンなことが絶対どこかで必要だし、データはあってもクズみたいなやつがあって、どうしようもないというのがあるかもしれない。

**中島**　ＡＴＲ（国際電気通信基礎技術研究所）の川人光男さんとかが言ってるのは、子どもって、「犬」という概念を覚えるのに千枚の画像は要らない。

**開**　うん、要らないね。

**中島**　今のディープラーニングって、人間の学習能力にはぜんぜん追いついてない。

**池上**　だけど、僕は人間をつくろうと思ってるわけじゃない。人間には限界があると思うから。ぜんぜん違うもので、ものすごく強引にやってもできるなら、それを見てみたい。だから、人間とぜんぜん違った方法でも、人間以上の知性がつくれるんだったら、それは面白いんじゃないかと。人間には考えつかない数学とか、人間には思いつかない言語とか。

**開**　人間には考えつかない数学をＡＩがやったとしても、人間がわからないわけですよね。

**池上**　うん。でも、それをもとにして別の技術をつくったり。

**石黒**　アルファ碁が、人間が知らない手を打つみたいな、ああいうランダムサーチの結果でいいってことですか。

**池上**　ランダムサーチというものがあるかどうかは問題で。

**石黒**　でも、あれは閉じた空間の中での強化学習なので、ほぼランダムサーチの結果ですよね。

**佐藤**　ランダムじゃないけど、サーチの結果であるということはいえる。

**中島**　アルファ碁って、最初のバージョンはディープラーニングで「次の一手」を学習させたのね。人間の棋譜から「次の一手」を学習したときに、あんな変な手は絶対学習してないはずなんです。なんであれが出てきたかがよくわからない。

**池上**　ＧＡＮ(Generative Adversarial Network, 敵対的生成ネットワーク)が流行っているように、学習させる空間は潜在空間のわずか一部なので、それ以外のものを使いだすのは当然だから、それはぜんぜん違うものを出します。

**石黒**　結局ランダムですよね。

**池上**　知性って、ランダムのことだからね。オラクル・マシーン(神託機械)っていうのは、原因はわからないけど、そいつを使うとうまくいくというのがオラクルなので、知性というのは、僕はオラクルという意味でランダムネスと同じことだと思う。

**中島**　でも、少なくとも完全なランダムだと、時間が足りないはずなので、何かの方向性は持つんだよね。

**開**　池上さんから「知性はランダムだ」という発言が出たのが、ちょっと意外です。知性と生命って、どういう関係にあるのかというときに、生命はランダムなのか……。

**池上**　ランダムの定義の問題だけど、「圧縮できないこと」とするじゃないですか。それをそのまま出力する以外につくる方法がないから、それでランダムだと。たとえば、「思いつく」とかいうのはどういうアルゴリズムとして書けると思います？

**中島**　ランダムに思いつくっていうのは、人間は一番下手だと思ってる。

**池上**　じゃあ、その人が何を思いつくかは、外から見たらわかる？

**中島**　普通はわかる。たまにそういうのに乗ってないことを思いつく人がいるから、「この人、偉い。

創造力がある」となる。

**開**　偉いか、おかしいか、どっちかですよね。

**池上**　そうすると、前とつながらないことを思いつくから、ランダムということじゃないですか。知性というのは、そういったランダムネスをどっかから引っ張ってくるということ。

**中島**　それはね、知能であって、知性じゃないと思うのね。知能を使って生きていくというときの働きが、知性。

**池上**　僕が言っているのは、アルゴリズム的に書けるかどうか、わからないもんだなぁということです。石黒さんとやっているアンドロイドでは、アルゴリズムでは書けないことがあることがわかる。モノ感とか、シングズ(things)みたいなものが、外からくる。

**中島**　外からくるの、大事だよね。

**池上**　物心《ぶっしん》という、いわゆる「ものの心」みたいなものを宿らせようとすることをＡＩの中心課題としてやっていくんだったら、今までとぜんぜん違った分野ができるかもしれない。

**石黒**　池上さんが言うのは、ストラクチャード・カオス(structured chaos, 構造化されたカオス)ぐらいで、本当のデタラメじゃないですよね。

**池上**　いやでも、ライフ・ゲームをつくったコンウェィ(John H. Conway)とか、隣接可能性を考えたスチュアート・カウフマン(Stuart A. Kauffman)とかがなんとなく言ってるのは、決定論でも確率論でもない真ん中のあたりを考えないと、生命とか知性とかはわからないんじゃないかということです。

**中島**　そりゃ、そうね。

**池上**　それってけっこう難しくて。それが、まあ、強いランダムネスの定義ですよね。つまり、サイコロを振ってもつくれないし、決定論的なアルゴリズムもつくれなくて、そうじゃない、nondeterministic（非決定論的）って言うところのもの。

**中島**　そこをランダムって定義するのね。サイコロがランダムじゃない？

**開**　サイコロはサイコロで構造がある。

**池上**　サイコロはサイコロでランダムじゃないとも言える。

**石黒**　その根幹にあるのは、生体ゆらぎみたいな、一番根っこでいうと、分子の熱ゆらぎからいろんなレベルで内側にあるゆらぎが……。

**池上**　そうするとペンローズ（Roger Penrose）みたいになっちゃって、量子ゆらぎが重要だ、みたいになっちゃうけど。

**中島**　うーん。ペンローズの言ってることもひどいんだけど。

**開**　でも、やっぱり体とか分子も必要じゃないですか。

**池上**　そうですね。

**石黒**　要するに、分子でつくってないと知性は生まれない、みたいな感じになっちゃいそうなんですよね。今のコンピューターの仕組みだと。

## 人工知能の生活

**中島**　分子である必要はないけれど、人間並みの知能——知性でもいいけど——というと、やっぱり環境とのインタラクション、生活がなきゃ駄目だよね。

**佐藤**　生活というのは、環境とのインタラクションという意味なの？

**中島**　それを含む。

**佐藤**　じゃあ、その含まない部分には何が？

**池上**　それは自分を維持するために必要な作用とかですよね。だから、無人島で一人だけで生きている人間と社会で生活している人間はすごく違うとすると、関係なく必要なものとしては、生きていくために水を飲んだり、寝る時間を確保したり、体温を維持したりとか、そういうことが必要になってくる。

**佐藤**　でもそれは、ある意味、コンピューターだってつくり込もうとしたらつくり込めるよね。つまり電源を確保するとか、メモリを確保するとか、そういうような形で。

**中島**　もちろんできるんだけど、人間の生活とは違う。

**池上**　それは生命の基底としての最初のレイヤーはそうだけども、セカンドオーダーで、社会の中に位置づけられるとか、生活を持っているとか、そういう二次のレベル。

**佐藤**　石黒さんの主張は、生活に入り込めるという主張なんじゃないの？

**石黒**　うちは、そういうものをつくりたい。

**開**　だから、中島さんとはぜんぜん違う。石黒さんは、「もう入ってる」っていう立場だもんね。

**石黒**　あー、そうなのかな。

**開**　違うの？

**石黒**　生活の定義は、たとえばご飯を食べるとか、寝るとか、子どもを産むとか、全部含むということ？

**中島**　恋愛するとかね。

**石黒**　恋愛ぐらいはできるかもしれないけど（笑）。

**中島**　恋愛の真似事はできると思うけど、本当の意味の……。

**石黒**　僕らだって、恋愛の真似事しかしてないんじゃない？　してます？

**佐藤**　中島さんの「生活しているか、してないか」という意味でいうと、コンピューターは永遠に生活できない、ということを言いたいわけ？

**中島**　しなくていいってこと。

**石黒**　でも、コンピューターだって捨てられちゃうので、捨てられないように頑張るとか。

**中島**　その程度はあってもいい。別に、コンピューターにコンピューターなりの生活をさせてもいいけどね。それが本質じゃないと思う。

**佐藤**　いや、ちょっとよくわからない。コンピューターと人間の大きな違いは、生活しているか、していないかということだとすると、中島さんは今、コンピューターは生活しなくていいというふうにおっしゃったんだけど、その先にあるものは、コンピューターがどうなっているという帰結なの？

**中島** 人間の道具になる。

**佐藤** 永遠に道具にすぎないという、そういう主張ですか。

**石黒** でもロボットみたいになると、物理的な環境で自分を維持しなきゃいけないので。

**中島** コンピューターは基本的に人間の道具。人間が直接制御できない火星探索ロボットの自己保存とかいうのは必要なんだけど、それは何か、人間の生活とはちょっと違うね。

**石黒** でも、その生活っていうところが、逆にいうと生活しているように見えれば認めていただけるんだと思う。たとえば僕、こいつ（ラップトップ・コンピューター）を見てても、しょっちゅうOSがアップデートされて、ウィルスからの攻撃に耐えて、一生懸命自分の存在を維持しようとしていて、「生活」な感じがするんです。外部からの攻撃に耐えつつ、自分を進化させることをやってるので。

**中島** AIと人間の差は「生活してるか否か」にある、という僕の答えは、AIが暴走して人間を皆殺しにするんじゃないかとか、人類を置いていくんじゃないかという一般の人たちの不安に対する答えでもあるので、われわれが研究という意味で突き詰めるなら、これを第一義に出す必要はないかもしれない。

**池上** でも、僕は中島さんの論点、重要だと思いますけどね。ALife（Artificial Life, 人工生命）は生命の基底、ファーストレイヤーをやってきて、生命維持システムとしてどういう活動に走ればいいかとか、考えてきた。

**石黒** でも、常識的な考えでいうと、AIっていうのは人間らしい生活をしないんだから。

**佐藤**　だから「怖い」って言うんでしょ、一般の人は。
**池上**　いや、そんなことはないですよ。人間を超えていくとか、人間を排除しようとするから怖いと思ってるだけのことで。
**佐藤**　いや、人間と同じような考え方をするなら怖くないわけですよ。人間はたくさんいるんだから。
**池上**　逆に僕は一番人間が怖いですけど（笑）。人間と何をシェアさせるかが重要なんですよ。人間と同じ歴史背景とか、同じものを欲するとか、ものの考え方をシェアしないと、社会には入ってこないから。
**石黒**　今のところ、ヒトを殺してるのはヒトですからね。ＡＩはヒトを殺してない。
**中島**　ＡＩはヒトを殺してないし、ぜんぜん怖くない。
**石黒**　ヒトを殺すヒトのほうがよほど怖い。
**佐藤**　冷静に考えればそうなんだけど。

## 人間以上の知性がつくれるか

**池上**　ここまで話してきたのはＡＩに関する人間の常識の話だけど、実際、考えなくちゃいけないのは、人間を超えるような知性が、まずできるかどうかということ。怖がる以前に、つくれないと話にならないわけですよ。どんな手段を講じてもいいから、人間以上の知性がつくれるかどうかを考えるべきで。

**中島**　まず、その知性の定義が要るのと、それから超えるというのはどういう意味かという定義が必要。

**池上**　それは、僕がさっき言ったような感じですけどね。

**中島**　部分的に超える話は、今すでにあるじゃない。たとえば計算が速いとか。

**池上**　速く計算するとか、わかってるアルゴリズムを速く回すとかはね。だけど、今まで解けてないものがいっぱいあるじゃないですか。たとえば数学だったらリーマン予想とか、物理にしても化学にしても、ぜんぜん解けない問題だらけで、そういうのはたぶん人間は頑張っても解けないんですよ。で、人間のレベルがこのへんだから、ギャップを埋めるようなシステムをつくれるかどうかが鍵ですね。

**中島**　簡潔に言うと、研究能力において人間を上回れるか、ということ？

**池上**　まあ、今の話に関してはそうですね。

**石黒**　そういう話と、人間の平均的な知能を上回れるかというのがあって。

**池上**　でも石黒さん、本当に人間の平均的知性を問題にしてます？

**石黒**　人工知能が一般の知能を超えられるということは、みんな同意なんですか。

**佐藤**　僕はノーだけど。

**石黒**　あら、そう？

**佐藤**　原理的にはイエスだけど、とりあえずは見えてない。

**中島**　それとね、一般の知能がアホだとは僕はぜんぜん思ってなくて、すごくよくできてると思ってる。

**池上**　でも、一生懸命ＡＩをつくった結果、人間がもう一人できてもしょうがないですよ。

**中島**　人間がアホだという話は、たとえば『予想どおりに不合理』ってダン・アリエリー(Dan Ariely)の本があるじゃない。ああいうのって、一見不合理な判断をいっぱいしてるんだけど、よくよく考えると意味があるのね。生存という意味から見ると正しい選択だったりするわけ。だから、そういう意味でいうとよくできた機械だと。

**石黒**　それは知性というか、遺伝、進化の……。

**中島**　進化の結果でしょうね。

## 人工知能に何をさせるか

**中島**　さっきのスーパーヒューマン的な知能という意味でいうと、たとえば今のＩＢＭワトソンって、医療情報に関しては人間よりはるかに進んでいる。で、問題は、ワトソンが、「医療情報ばかり読んでてもしょうがない、きょうから哲学をやろう」と思えるか。それはないだろうと思う。すごい数学をやるプログラムもたぶんできるけど、それは数学しかやらない。ＡＩは自分で目的を変えられない。人間に与えられた目的のもとで最適化するというのはできる。

**石黒**　でも、人間も長い歴史のなかで、いろいろな学問分野をつくってきて、一人の人生のなかで哲学をまったく知らないところから哲学をつくれる人って、まあ、ほとんどいない。

**中島**　いないけど、たまにいるわけじゃない。
**石黒**　でも、それはすごい長い歴史のなかでちょっとずつ変化して、それを蓄えてきた。まったくゼロから、たとえばチャーマーズ（David J. Chalmers）が出てきたわけじゃない。たぶんチャーマーズは死ぬほどそれまでの論文を読んだはず。
**中島**　それは、ＡＩがたくさんいたら、そういうことができるという意味？
**石黒**　かもしれない。
**中島**　そこはちょっと飛躍があるんじゃない？
**池上**　僕は、石黒さんの意見に賛成ですけどね。一個一個は非常につまらないようなエンジニアリングの道具かもしれないけど、集大成としてはすごいものができるかもしれない。
**石黒**　人間だって急激に哲学を生んだわけじゃなくて、めちゃくちゃ長い進化のなかで、ちょっとずつ変化していろいろな分野をつくってきているので、膨大なデータが入ってる可能性がある。だから、同じことを機械にやらせられないとは思えない。だから……。
**中島**　やらせればいい、と。
**石黒**　でも、人類と同じ歴史を全部シミュレーションするというのはちょっとバカバカしいので……。
**開**　うーん、バカバカしいのかどうかわからないですけど。
**石黒**　人間でいうと、生まれた人間の一つの機能は、そんなたいしたことないんじゃないかと思ってるわけです。
**中島**　そこが違うんだよね。

**石黒**　だから、平均的人間というのに興味が出るんですよ。スーパーな人間を持ってくれれば、特殊なやつはいっぱいいるけど、平均的人間がどれほど優れてるのかというのが、人間そのものを理解するのに重要な気がして。

**中島**　僕は、ＡＩという立場から見ると、超天才も並の人間もほとんど変わらないと思っている。ちょっとしたゆらぎにすぎない。

**石黒**　だから人間が一生のあいだにできることというのは、すごく限られた変化でしかない。

**池上**　でも中島さん、何ができたらうれしいと思います？　僕、ＡＩをつくるときにそういう観点から考えたいと思うんですが。ディープラーニングはＡＩではないけれど、バカでかいデータを扱える神経回路モデルの出現、という意味では、けっこうみんな、うれしかったと思うんですよ。

**中島**　それはそうなんだけど、道具としてもっと進化してほしい。

**池上**　人間と同じになるんじゃなくて、道具として？

**中島**　二つあってね。一つは、何ができたらうれしいかという意味では、人間のあまりやりたくないことを知的にやるようになるとうれしいというのがある。もう一つの知的興味としては、人間の知能がどうなっているかとか、その「人間の」というのを取ったときの知能がどうなっているかを知りたいというのがある。

**梅田**　自分ができないことをできるということですか？　道具ってことは。

**中島**　できるけど、たとえば不得意とか、やりたくないこととか。

**池上**　進んだ道具とか技術というのは、やっぱり生命的になってくると思うんですよ。

**佐藤**　なぜ？

**池上**　人間がすべてのコントロールをするような道具というのは、限界がある。高度な道具とかいうものは、たとえばそれ自身が超高速で動かなくちゃいけない。今、人間が意識上で動かせるのがたぶん数百ミリ秒だとしたら、数ミリ秒で全部を意思決定して動いていくような道具でないと。それは道具といえるかどうかわからなくなってくるけれども。違うタイムスケール上で動いているものをつくらなきゃいけないんですよ。

人間が生きているような時間・空間スケールをどうやって超えていくかというところに高度な道具の可能性があり、そういうものを外から見たら、それは生命にすごく近いようなものになっているんじゃないかということです。

## 人工知能研究がめざす方向

**池上**　僕は、ディープラーニングは人工知能じゃない、だからディープラーニングは駄目だよという議論は、なしだと思うんですよね。今もっともいろんなことができるのはディープラーニングなので、そいつをベースにして、次は何になるかをまず考えることが必要だと思う。人間は偉いんだから人間を、という議論も、ちょっとどうかなと思って。

**開**　そこをもうちょっと。

**池上**　どういうものをつくったらディープラーニングじゃない真のＡＩに向かうかとか、サイモンの次の本を書くのだったら何をしたらいいか、そっちを議論したい。そのほうが、はるかに重要でしょう。

**開** 人間を知りたいという人と、すごいものをつくりたいという人と……。

**池上** なぜ人間を知りたいか、実はまったく理解できないんだけど（笑）。

**石黒** 池上さんは生命だったら何でもいいんです。油滴で大丈夫な人ですもん。

**開** 僕は、なぜ油滴が面白いのかがぜんぜんわからない。ヒトは面白いし、わかんないし、池上さんのことをコントロールしようなんて絶対できないじゃないですか。

**池上** 小説を読んだほうが、人間よりも面白かったりするじゃない。

**開** 小説はもちろん面白い。人間のことが書かれている小説は面白いんですけど、僕らが理解できないようなウルトラ天才の小説を見ても、やっぱり面白くないと思うんです。

**池上** 僕らが持っている人間のモノのわかり方というのがある。だからこそ、ＡＩのひとつの方向として、そのわかり方じゃない別なわかり方にしないと駄目なことってあると思うわけです。

たとえば小学生に積分を教えるとするじゃない。なかなか納得しないから、わかり方を小学生がわかるようにどんどん落としていく。その結果、面積とルベーグ積分の関係とかにいきついて、われわれの積分のわかり方そのものが更新できればいい。そういうふうに次のＡＩができると思うんだよね。

**開** うーん、なるほど。

**池上** たとえばルービックキューブは全部の配置パターンを書くことができる。アボガドロ数の一万分の一ぐらいの組み合わせのパターンがあって、それをもとにすると大きな表ができちゃって、その表をみると二〇手で色を合わせられるんだけど、それは「神のアルゴリズム」と言われている。人間は視覚的なものでコントロールしないとつくれないんだけど、神のアルゴリズムは視覚的とかとは関係ない解法だと。

**開**　そこは、やっぱり人間のハードウェアでできてることと、機械のハードウェアでできることって、やり方がぜんぜん違ってくる可能性が大きいと思うんですよ。それを比べて人間のこともわかるかもしれないし、池上さんがつくりたいすごいやつをつくることもできると思う。

**池上**　計算は、碁石でもできるし、コンピューターでもできるし、割りばしでもできるじゃない。ところが、割りばしでやることが重要だから割りばしを調べるとすると……。

**開**　そういう議論はもちろんあるんだけど、だけどやっぱり碁石でないとできないというふうに、僕は思うんです。

**池上**　計算は、碁石でもできるし、コンピューターでもできる。でも、碁石でやるところの計算をわかりたいということ?

**開**　そこも本質だと思うんですけど、その結果、人間がぜんぜん関係ない話になってもいい?

**池上**　だからそれは、よくわからないです。人の意識を考える上では、碁石そのものにこそ人間の意識の本質があるかもしれない。

**開**　うん、あるかもわかんないよね。

**池上**　そうですよね。碁石でもコンピューターでも割りばしでもできるからといって、計算を抽象的にやったのが、第一次、第二次ＡＩの研究の失敗だった。だから、もうちょっと碁石のモノ性、ダラダラ感とか見てみろよ、みたいなところからやり直そうと。それはありますね。

**石黒**　でも、それ失敗してるかどうかわからなくて。以前のボトルネックが仕掛けにあったのは間違いないので、それが今だいぶ解決できるようになっている。だから、結局ディープラーニングがツールになって、今一九九〇年代ぐらいに戻ろうとしている。そこの研究がまた盛んになって、もうちょっと内部表現をどうするか、認知モデルをどうするかという研究がもっと盛んになる。

**池上**　その可能性はものすごくありますよね。ALife の三〇年前のモデルを今の京コンピューターで走らせたら、ぜんぜん違ったものが見えるから。

**石黒**　今の人工知能の研究者というか企業の人たちは、ほとんど全部、ディープラーニングのプログラマーみたいな人、ユーザーばっかりじゃないですか。表現系の人間ってそんなにいない。内部モデルをちゃんとやってる人がいない。一九九〇年ぐらいの人数に戻ったら、もっと面白いことになるんじゃないかなと。あの頃のメンバーはみんな、インターネットのアプリケーションに行ったり、ロボットに行ったり、解散しちゃった感じですよね。一九九〇年頃にわれわれで人工知能の研究会をやっていた頃って、もっといろいろ話してたのに、みんな違う職業に就いちゃって。もう一回、戻ったほうがいいんじゃないか。

**開**　戻りつつあるんじゃないかな。

**梅田**　少し前の時代に戻ったとして、その後の進化を同じようにたどっていく可能性もあるということですかね。

**中島**　同じようにはならないでしょう。道具が違うから。

**梅田**　でもやっぱり、ヒトの知性って何だろう？　みたいな時代にまたなるかもしれない。今のマシンパワーなりで。

**石黒**　次のボトルネックが、また出てくるんですよ、きっと。

## 「言葉がわかる」とはどういうことかがわからない

**中島**　人間の知能、知性自身に興味があるかどうかは別として、ＡＩをやっていて何かうまくいかなかったときに、人間はどうやってるんだろう？　と考えるというのはけっこう有効でしょ。そういう意味のお手本として人間は存在し得る。

**佐藤**　たとえば、東ロボ（「ロボットは東大に入れるか」プロジェクト）を四〜五年やったんだけど、基本的に、問題が読めないというところが一番のボトルネック。すべての科目において。

言葉の問題というのは、おそらく一九八〇年ぐらいのウィノグラード（Terry Winograd）のところからほとんど進歩していないと思いますね。四〜五年やってわかったことは、言葉がわかるってどういうことか、われわれがまったくわかってない、ということ。

もう一つ、日本に自然言語処理の研究者はたくさんいるんだけど、誰も国語という科目にトライしようとしない。そこも僕はわからない。だから、確かに石黒さんが言うように、僕は揺れ戻しがくるような気がしてるんだけれども、みんな本当にやる気があるのかな？　というのがちょっと不安。

**池上**　でも、石黒さんが言ってるのは、揺れ戻しっていうよりは、当時のボトルネックだったものが現在の技術で突破できるものがいくつかあるということで、全体としての方向は間違っていない。

**石黒**　言葉の問題も、画像と言葉のラベルの対応問題があそこまで解けるようになると、何かちょっと面白いことが起こりそうだなと。

**佐藤**　起こりそうな予感はあるんだけど。

**中島**　それを本当にやるやつがいるかということ。

**池上**　佐藤さんに聞きたいのは、言葉がわかると言ったときに、どういうことを想定されてるんですか。

**佐藤**　たとえば東ロボの場合は、試験が正しく解ければ問題がわかった、というふうに定義しちゃう。

**池上**　そこがちょっと……。

**佐藤**　定義しちゃったときに僕が面白いと思ったのは、それぞれの科目で「わかる」ということの内容が違うということなんですよ。たとえば歴史の問題を解くためには、教科書とうまく照合できれば「問題がわかった」ことになるし、数学の問題の場合は立式できれば「わかった」ってことになる。

ところが国語の問題で、たとえば評論はおそらく論旨が捉えられたとかだとそれなりに近似的には言えると思うんだけど、小説の問題なんか「この小説がわかって問題が解けた」って何なのかがまったくわからないわけです。

**池上**　それはだから、国語の問題ってことですね。つまり、国語の試験問題というものが成立するかどうか、であるわけじゃないですか。

**佐藤**　いや、国語の試験問題は一応成立しているわけであって。

**池上**　たとえば、自分の文章を問題に使われて、「この問題が解けないぜ」みたいなときにはどうするかって……（笑）。

**石黒**　僕、マジで解けなかったです（笑）。

**佐藤**　でも、あれは試験問題としては成立しているんだと思いますよ。

**池上**　だから、何を解いているかということと、国語のわかり方が同じことなのかということが……。

**梅田**　結局、整然としていないものを、どういうふうにまとめようとしているかなという能力を見る、みたいな感じになりますね。「わかる」というのは。

**佐藤**　どういう能力が国語の問題で問われているのかというのは、よくわかりません、僕には。

**池上**　そうすると、国語の問題がわかるというのは、本当にもう闇になっちゃいますよね。

**開**　実は、闇のところがあると思ってるんですけど……。

**中島**　受験テクニックという意味でいうと、国語の問題の答えは必ず文章中にあるから、自分で想像するなというのが正しい受験テクニックで、そういうのは機械的にできるという意味ではそうなんだけど、今の入試問題が何を見ようとしているのかというのは、わからないよね。

**佐藤**　わかりません。

**池上**　ちなみに、なぜそれを聞いたかというと、僕、現国（国語現代文）の試験ってほとんど満点なんです。なんでかというと、意味はわからなくても解ける。絶対わかるから。

**佐藤**　時々いるんですよ。センター試験の国語で、本文をまったく読まなくても選択肢だけ見れば必ず満点とれると主張する人が。なぜその人が（試験の自動解答の研究を）やってくれないのか。やってくれればできるんだろうに（笑）。

**石黒**　僕、自分の文章がよく採用されるんです。接続詞とかを抜いてある。で、間違える。接続詞というのは、もっと長い文脈のなかで付けてるんだから、これだけ取り出して、何を入れたかなんていうのはわかるわけねぇだろう、とか思いながら、きっちり間違えた（笑）。だから、「国語の問題って何だ？」と思っちゃう。

**中島**　受験テクニックで、五択で正解を得る方法というのは当然あって、僕も英検のリスニングの問題、問題文が流れる前に全部解いて全部正解だった（笑）。でも、司法試験でそれをやると全部間違うのね。

**開**　司法試験は、よく練られてる。

**中島**　出してる人も、そのテクニックがわかってるから外すのね。そういう話じゃないところにいきたい。

## 知能の基本原理はない？

**池上**　ただ怖いのは、そういういろいろなノウハウの寄せ集め以外の知性の秘密があるかどうかが問題で、たとえば物理だったら相対性理論とか、量子力学とか、カオスの発見という、概念の突破が歴史の流れを変えてるわけですよ。生物学だったらＤＮＡの発見とか、遺伝子調整ネットワークの発見とか、いろいろあるじゃないですか。で、知性に関する発見というのが、どれくらいあったかというと……。

**中島**　そういう原理があるか、という問題もあるけどね。

**池上**　そういうことです。そういうものがあれば、そこがブレークスルーになって次へ行けるんだけど、たとえばマッカロー＝ピッツ(Warren S. McCulloch and Walter Pitts)の神経細胞のモデル発見と、ニューラルネットワークの関係だったらパーセプトロンが発見されて、ＥＢＰ(error backpropagation, 誤差逆伝播)があって、ディープラーニングがあってというのは、本当にブレークスルーになっていたのかどうかというと……。

**中島**　だから僕は最近、漠然と確証なしに、生活というのがキーワードだと思ってるの。今まで、生活から切り離した意味での知能を見てたじゃない。それで見てる限り絶対にわかんない。生活っていうところから見ていくことによって、わりと単純な機能が「ここではこう使われてる」ってことが見えてくるんじゃないかなとは思う。そういう意味でいうと、知能の基本原理というのはなくて、その場限りの対応の寄せ集めという……。

**池上**　そういうことになっちゃいます。だから、ファンダメンタルな原理というのはなくて、その場の寄せ集めで出来上がっていくもんだと。

**中島**　で、膨大な時間を生活してるから、それでいいんだということだと思う。

**開**　うーん。そうなんですかね。なんか、ファンダメンタルなところ、あってほしいよね(笑)。

**中島**　もちろん、すごーく低レベルのファンダメンタルはあるわけだけど、かなり上のほうにいくと、それはないんじゃないかと思う。昔から「そういうのはないんじゃないか」と言ってる人はいて。

**石黒**　それなんか、生き残ったものが勝ちみたいな。

**中島**　進化論ってそれだよね。

**池上**　まあ、そうですよね。

**中島**　ミンスキーなんかは、わりとそれに近かったんじゃないかな。

**石黒**　知能を得た人間だけが、最後、全部世界を制覇しちゃうわけだから。それはミもフタもない。でも、その中身をもっと知りたいと思うわけですよね。それをコピーできるのかとか。

## 大量のデータから何がわかるか

**開**　デブ・ロイ（Deb Roy）って人がいます。自分の子どもに、生まれたときからセンサーをいっぱい付けて、三年間ずっと撮りっぱなしにしています。彼のＴＥＤトーク(1)がけっこう面白くて、子どもの発話が「ガーガー」から「ウォーター」になってくる、みたいなのが出てくる。

　あのデータはデブ・ロイ自身が分析していることが本質だと思います。さっきの「わかる」ってことに近いと思うんですけど、デブ・ロイの子どもの言語環境を全部渡されたって、「なんでこれ、ガーガーが水だってわかるんだ？」と頭のいい人はすぐ気づくと思う。あれは、デブ・ロイが子どものジャーゴンがわかってたからテープ起こしできたわけです。第三者がやり取りしてるものをそっくりそのままテープ起こしで渡されて、すごく濃密に書かれていても、その場にいない人はわからないんじゃないかな？　というのが、デブ・ロイの面白いところだと思う。それは本当に生活してるとか、生きてるとか、社会にいるというのとほぼ近いんじゃないかと。

**佐藤**　それを言うと、いろんなデータを取れば面白いことがわかるんじゃないかという期待に反するよね。

**開**　主観というか、間主観というか、社会のなかに入っている人のデータも一緒にタグ付けしたりすることが大事ということで。

**池上**　デブ・ロイのは、子どもと養育者がいつどこを歩いてるかという時空間上の蛇のような軌跡を解析している。あれ三年間なんだけど、三年間そのまま見たら、三年以上かかっちゃうじゃないですか。

**開**　まあ機械的に何かやるというのはもちろんあるけど。

**池上**　その解析のソフトウェアをつくって、そのソフトウェアの複雑さでもって発達プロセスの複雑さを計量化しようとしている。それがけっこう面白いところ。解析の方が複雑になってくるんです、だんだんね。それと対象の複雑さとの関係を見る。

**開**　だけど、「言葉の生まれるとき」みたいな話をするときに、けっこう本質的なところは、そこの中にいない人がどうやってそれをわかるかということだと思う。つまり、そのときのポイントが絶対何かあったと思う。インタラクションとか、何かしゃべってたりとか。そこがよくわからない。

**梅田**　データになってないところがある?

**開**　データは死ぬほどあって、それはまあ客観的だと思うんですけど、それがいっぱいあってもどうやって解釈したらいいのかわからない。そのインタラクションの中で関与していた人というのが絶対必要になってくるのが、今の機械の処理の限界なんじゃないかなと。

**石黒**　観察の限界なんですか。それとも、もっと内部状態、脳の……たとえば視線とかも、全部データを取ってるわけじゃないじゃないですか。

**中島**　外から見ただけでは、わかんないってことでしょ。

**石黒**　でも視線まで取ったら、かなり内部状態が反映されてるんじゃないかと思う。動作のためらいみたいなものもね。脳の活動が十分反映されるぐらいまで取れば……。

**中島**　でもね、たとえば恋愛経験のないＡＩが、恋人同士の会話をそうやって全部記録して理解できるかって、無理でしょ。

**梅田**　言語にあがってくるのって、ほんの一部ですからね。

**佐藤**　その一部でさえ、わからない。

**開**　わからないのは、その下の共有知識がないから。それは昔から誰でも言ってることだと思うんですけど、自分がそこの中にいないと、その下がわからないんじゃないかな。

## 言葉で伝える限界

**石黒**　もとに戻るけど、国語の問題で難しいなと思ったのは、言葉って生きてるじゃないですか。

**池上**　生きてますね。

**石黒**　ほかのやつは生きてないんですよ。数学とかは式に則ってやればいいので。

**中島**　生きてるよ（笑）。

**石黒**　国語はもっと生きてるんですよ。僕が自分の文章が使われた問題がわからなくなるのは、短いセンテンスで読んだら意味が変わっちゃうから。

**中島**　言ってることはわかる。ある意味でさ、日本の国語教育がいかにひどいかっていう話をしてるだけだよね。

**佐藤**　でも、画像処理と言語処理を比較したときに、ある種の画像処理というのは、物理的法則に則った、ある種の処理が可能で、つまりその背後に、僕はあまり詳しくないけれど、光の理論があるわけですよね。

**中島**　うん、そうですね。

**佐藤**　ところが、言語に関してそういうような統一理論があるかというと、おそらくなくて、単なる慣習にすぎないんですね、ある時点の。だから一〇年後、日本語は明らかに変わってるわけですし、一〇〇年後はもっと変わってるわけですし、要は、「今ある」慣習に則って、ある範囲の理解、ある範囲の解釈が可能になっているというのが言語の本質。やはりそこは、物理的法則みたいなものが通用するところとは、一種違った難しさがあるんじゃないかなと僕は思っています。

**石黒**　でもまあ、言葉でしゃべってるとちゃんとイメージが頭のなかに生まれて、何となく物理シミュレーションしてる感じさえするわけですよね。

**佐藤**　そうです。あるいは東ロボの話に戻りますけど、物理の問題って、実は文章には十分な情報がない。たとえば滑車の問題だとすると、図がある。そこに図の情報がないと解けなかったりするんですよね。そういう意味で、やっぱり言葉には言葉の限界があるし、ほかのメディアにはほかのメディアの限界と長所がある。そういうのをうまく使っていくんだけど、それをうまく操作する方法は、今のところはよくわかっていない。

**中島** 物理の問題でいうと、図を含めても足りないかもしれない。

**佐藤** はい。図を含めても足りないです。

**中島** 読んでるのが日本で生活している人であることが必要だったりするかもしれない。

**佐藤** 物理では、重力の話は書かれないとか、摩擦はないとしますとか。

**石黒** お母さんが読んでくれるとわかるけれども、先生が読むとわからないとか(笑)。

**開** どういうこと？

**石黒** 読み方がちょっと違うとかで、ちょっとした注意の向け方が変わって。

**梅田** 推論をしちゃってるってことですよね、ふだんも。

**石黒** 想像でものすごく補うので。

**中島** 「読む」って、そういうことでしょう。

## 何をどうつくるか

**池上** 僕は、基本的にわかりたいと思っていることはない。ヒマラヤの上に行ったり、アマゾンへ行ったりする代わりに、人工システムで新しい経験とかビックリがあると信じてる。それが僕の科学研究のモチベーションだから、それがない以上はあんまり興味がないんだよね。

**中島**　池上さんがそうだと言うのはよくわかります。

**池上**　だから、それをつくれるかどうかに僕としては興味がある。

**開**　じゃあ、どうやってつくればいいですか。池上さんが今言っていることも簡単にはいかないと思うんですけど。

**池上**　ぜんぜんいかないと思う(笑)。

**開**　何をつくればいいのかというのは、人によってそれぞれあるとは思うんですけど、たとえばスーパーなものを池上さんがつくりたいときに、どういうアプローチがいいのか。

**池上**　とりあえず難しいですよね。たとえば半導体のチップ上に化学反応を置く。マカスキル(John McCaskill)とパッカード(Norman Packard)らが前から始めてるlabletというシステムがあります。それを使うと非常に細かいスケールで化学反応を操作させられ、かつそれをものすごく速いスピードでやったりすると、自然には起こり得ないような化学反応ができる。自由エネルギーの低い方向に進むのではなくて、人とは違うスケールで操作する世界。人間が触れるのとはまったく違う時空間の化学実験が可能になる。

**開**　可能かもしれない。

**池上**　原理的には可能。さらにそれを進めると、コンピューターが実験の仮説検証と仮説のアップデートもおこなえるようになる。人間が今までやってきた化学反応の実験とは、ぜんぜん違った実験になるかもしれない。で、そういうような実験のなかには人間ができない新しい化学理論とかがあるかもしれない。それがＡＩが見せてくれる新しい地平のひとつかなとは思うんです。

**開**　はぁー、なるほど。

**中島**　彼は自分が面白ければいいんだ（笑）。

**池上**　ミもフタもない（笑）。

**中島**　でも、そうでしょ。それでいいんじゃないの。

**梅田**　人間て、社会のなかに池上さんみたいな人がいるから、ブレークスルーがあるわけで、結局、ＡＩのなかにもそういう存在をつくると、またブレークスルーが起こるということになる。分布のなかで、平均をつくるようにどんどんチューニングしていくのか、平均から逸脱してくるような存在をつくるのか。

**池上**　石黒さんのアンドロイドとかを見ていると、コンピューターの中だけで済ますコンピュテーショナルなものとかアルゴリズム的につくるのとは、違うものができるのじゃないか。その違いというのを軽視しちゃうと、やっぱり頭でっかちで変なものになる。世の中に存在し得るものというのは、ちょっと違うかもしれないなと……。

**中島**　石黒方法論というのがあって、池上方法論というのがあって、いろんな人が、いろんなところをやって、ということなんでしょう。だから、ここにいる人たちが、自分たちの方法論を合わせる必要もないし、興味の対象を合わせる必要もない、ということだとは思うんだけど。

**石黒**　僕はブルックス（Rodney A. Brooks）のサブサンプション（服属）・アーキテクチャー(2)の先が重要だと思う。アーキテクチャーの議論がサブサンプションあたりで全部消えちゃって、その先がいきなり「脳をそのままつくります」みたいな乱暴な話になって、あいだが抜けてるじゃないですか。だから、もう少しちゃんと……。

**開**　設計論みたいなやつをやらないと。

**石黒**　昆虫と人間の脳のあいだの何か段階的な設計があるはずなのに。

**中島**　そこがないね。

**石黒**　だから、何かちょっと進みにくくて、自動運転ぐらいしかできないというか。

**中島**　自動運転は昆虫の脳でいいね。ただね、自動運転って、目的地とルートを決めてやれば行くけど、目的地とルートを誰が決めるかという問題がある。

**石黒**　それを自由にするわけですか。

**中島**　いや、人間が「ここへ行きたい」と言うことでルートを決める。でもさらに三車線あるうちのどの路線を走るかとかを決めてやる必要がある。今の自動運転はそれが決まった後しか働かないけど、そういう中間レベルの推論システムは今のところないよね。

**石黒**　でも、それはできそうな気がしますね、ちょっと頑張れば。

**中島**　そう簡単かどうかわからないけど、今やられていなくて、一番下の条件反射のところだけやってるわけでしょう。だから、もう一段上をやる。

**池上**　それはやっぱり自律システムじゃないですか。馬をつくればいいと思うんだけどね。

**中島**　それぐらいのことを研究していかなきゃいけないけど、やってないよね。

**石黒**　車線変更を今ここでしろとか、渋滞だからこっち側へ行けとか。

**池上**　いや、だけど馬が合わないと動かない車をつくる（笑）。

**中島**　馬は、そうよ。

**池上**　馬はそうだし、嫌われちゃうと動かない車とかをつくることによって、初めて自律システムがどういうものかというのがだんだんわかってきて、そっちのほうの技術が伸びる。

**石黒**　そのときに、鞭で叩けばちょっと動くとかね。

**池上**　そういう身体的なものでしか意図が伝わらないようなものが出てくる。アンドロイドがそうじゃない。

**石黒**　そういうところをつくると、急激に人間っぽくなる。自動車はちょっと壊れかけてるとそういうところがあって。丁寧にエンジンかけてやらないと言うこと聞いてくれないとか。そこを擬人化しちゃって楽しませてもらう。

**中島**　こっちが擬人化して理解してるわけだ。

## 擬人化せずに人工知能を説明できるか

**佐藤**　擬人化の話が出たんですけれど、ＡＩの一つの本質というのは、今、擬人化してしか説明できないことを、擬人化せずに説明する方法なんじゃないかと思う。たとえば「判断する」とか、「考える」とか、「わかる」というのは、全部擬人化して言うわけですね。システムがわかるとか。

もしそういうシステムができたならば、擬人化しない用語を使って説明できるようになっているんじゃないかと。

話が戻ってすみませんが、擬人化が多くの人たちに誤解を植え付けているんじゃないかと僕は思っていて、このまえ新聞の取材を受けたときに、そうじゃないふうに説明できないですかというと、記者が言った答えは「わかりやすく説明するためには、擬人化しかない」と。

**石黒** 池上さんの知能も擬人化しないとわからない。

**佐藤** すみません、僕、池上さんの言っていることの半分以上はわからない(笑)。

**開** みんな、わかってないよ(笑)。

**石黒** 人間の着ぐるみ着てるから、何となく人間かなぁと思うだけですよね(笑)。

**佐藤** もうちょっとだけ言うと、人間がどう思うかという認識の問題と、機能、つまりそもそも知性というか知能というかわからないですけれども、それがどういう機能をもったらそう言えるのか、という話が、どうもやっぱりごちゃ混ぜになっているような気がしている。それはもしかしたら機能というレベルを考えることはできないのかもしれないんだけれども、おそらく人間がどう思うかということに、ものすごく立脚して議論が進んでいるような気がするんです。機能のほうは語彙をつくらないと駄目だと思うんですね。おそらく、説明する語彙がないから、かなり擬人化の言葉を使って説明するんですよ。

**中島** 最近プロジェクション・サイエンスとか、対象物のなかに自分の見たいものを見るみたいな話があって、池上さんがやってるのは完全にそれだと思うのね。すごくシンプルな物理現象に「これが知能だ」って、自分で勝手につけている(笑)。いや、悪いって言ってるんじゃないよ。そういう方法論なんだよな、と思うわけ。

**池上**　佐藤さんに反対するわけじゃないんだけど、擬人化って、そんなに悪いものかどうかってのがよくわかんなくて。

**佐藤**　いや、悪いものだと言ってるわけではなくて。

**池上**　そんなもんなんじゃないかと思ってる。熱をつぶすことによって熱力学の歴史がつくられていくんだけど、熱力学は、温度とか熱量の学問かと思うが、熱なんかない。あまりいい例じゃないけど、熱力学はつくれたわけですよね。それは何でも、原子や分子に関係なく、操作とか仕事ということで熱力学はつくれたわけですよね。それは何か擬人化じゃないが、人間の思いでつくるシステムというのは、けっこう外れてなかったりすることもあるんじゃないか、とも思います。

**佐藤**　うん。だから最初はそうなんだと思うんだけれども、その先は違う言葉で説明できるようになっている。ＡＩはまだ擬人的にしか説明できないところが多すぎて、それはある意味、熱力学でいうと一番最初の状況にあるわけで。

**池上**　そうなんだけど、でも、自分のわかるところで「わからない」と言うことに対する僕の批判は、自分のわかるところに持ってくるんじゃなくて、正解はぜんぜん違うところにあるんじゃないかということなんですよ。

**佐藤**　その「ぜんぜん違うところ」というのが、僕には、まだよくわからない。

**中島**　たぶん、人間側の感情移入ではなく説明できるというのと、同じことだと思う。

**佐藤**　なるほど。

**池上**　そうです。もちろんそうです。

**梅田**　生活っていうことをさっきおっしゃっていたけど、結局、人が使ったりするということがあるので、人の言葉でわかっておきたいということですね。

## 経験していないものを生み出せるか

**佐藤**　もう一つ論点を出すと、コンピューターで、存在しない仮想的な世界をつくれるかどうかに、僕はとても興味がある。

**石黒**　うーん、そこは普通の人でも難しいですよね。宗教家みたいな話ですか。

**佐藤**　いや、たとえば小説家はそれをやってるわけですよね。

**池上**　ディープドリーム(Deep Dream)ってどう思います？　人には描けない抽象絵画。

**石黒**　小説家って、ほとんど自分の経験に基づいて書いてませんか。

**佐藤**　経験そのままじゃないですよね。

**中島**　経験したことの新しい組み合わせではあるけれど、経験したことのないことが入っているかという問題ね。

**佐藤**　入ってるんじゃないですか。

**石黒**　カズオ・イシグロのやつ、メッチャ好きですけど、ぜんぜん知らないという現象は出てこないし、もし、そんなことが書いてあったら理解できない。

**中島**　こっちがわからないよね。
**佐藤**　村上春樹の小説を読んでると、あれは彼の経験したことのすべてを超えているような……。
**中島**　それは要素が新しいのではなく、組み合わせ方が新しいんですよ。グレッグ・イーガン（Greg Egan）のＳＦだって、すごくとんだ世界を書いてるけど、やっぱり要素は今の物理学だったりするんだよね。

## フレーム問題

**開**　ALifeとＡＩってどういう関係なのか、ちょっと池上さん説明してください。
**池上**　ＡＩというのは、ALifeのサイドエフェクトにすぎないから、まず生命を立ち上げないと知性は出てこない。石黒さんとやってるアンドロイドは、ゾウリムシからアンドロイドまで、同じ生命の連続スペクトラムにある。だから、ゾウリムシ的なところは人間にもあるし、ゾウリムシに人間的なところもあるわけですよ。その共通した生命性ということが、すごく大事だと思っていて。そのうえに立ち上がる知性をわかりたい。
**石黒**　僕は、自分たちがつくるようなものに、そう簡単に生命なんか宿らないけれども、人と関われるものはできるはずだと思っている。
**中島**　その相互作用というのも大事だと、最近、というか昔から言ってる。ブルックスはサブサンプション・アーキテクチャーを考えたときに、情報ループが外の環境を経由して回ってるんだけど、あまり外を回した環境とのインタラクションの話はしてないよね。中で、上から下をサブスュームする（服属させる）話しかなくて。

**石黒**　モデリングの話、してないですね。

**中島**　上が何か必要になったときに、下に、外へ一回取りに行って戻ってこいというのがあると面白いと思う。

**池上**　それ、谷淳さんが主張していて。戻ってくるのに、記憶とか、内部モデルとか、表象とか、ないといけないと。

**石黒**　そうなると、とたんにもっと前のアーキテクチャーに戻っちゃって、なんか普通にメモリがあって、プランニングしてと……。

**中島**　昔のアーキテクチャーは、中のシンボルだけで全部やろうとしてるから駄目で、私は環境に計算させろって言ってるんだけど。フレーム問題って、外を使えば解けるんだと思う。中だけでやると解けないんだけど。

　積み木で、これを動かすとどうなりますかという問題とか、爆弾を積んだ台車がどうのこうのって問題があるじゃない。あれ、ちょっと動かしてみればわかるんじゃない？　動かす前に、ついてくるかどうか考えろっていうと難しいんだけど、一センチ動かしてみましょう、ということでいいと思う。

**池上**　それが経験ということだったら、その通りですね。

**中島**　理論的にいうと、人間にだってフレーム問題がある。それがないがごとくやってる秘訣は、そこだと思ってる。

## 人工知能は目的や意図をもてるか

**佐藤**　ちょっと話を変えていいですか。この前、ラジオに出たときに、一八歳の高校生からこういう質問がきたんです。「将来ＡＩが心をもつことはありますか。ＡＩが心をもつことで、映画の『ターミネーター』みたいに、ロボットが暴走をしてしまうというのをよく見るのですけれど、研究者の目からはどう見えるか聞きたいです。」僕は「そんな難しいことは聞かないでください」と答えた。

**中島**　僕は「今のところ、そういう何か目的をつくらせる方法を、われわれは知りません」という答えをするんだけど。

**佐藤**　僕は、原理的にはできると思うけれど、方法論はわからないと答える。

**中島**　まあ、そういうことでしょうね。

**梅田**　どういう前提が満たされたら心が宿るといえるか、という問題がありますよね。ターミネーターみたいな行動ができるということと、そこに心が宿っていることとは、独立だから。心を宿すということは、その心を宿している人が自分の意思で決めて、という意味ですか。

**中島**　そういう話をしだすと、ラジオでは答えきれない。

**梅田**　だから、最後の行動だけに関して答えるというのが、一つのやり方なんですかね。

**佐藤**　でも、それがある種、高校生なんかがもっているイメージなんですね、ＡＩの。

**中島**　世の中一般の人もそう。

**開**　ヒトはなぜ目的・意図をもって動いていると僕らは思うのか。

**佐藤**　それもけっこう怪しかったりするんだよね。

**開**　そうなんですけど、何となく「あいつは目的があったからやってたんだ」と取るじゃないですか。小さい子にもそういうのがある。ずいぶん最初から目的志向的な解釈ができているということが、発達心理学とか赤ちゃん研究でわかっている。

**中島**　そのほうが楽だから。

**開**　それは進化のなかでできてきたと言われたら、それでおしまいになっちゃうんですけど、テレオロジカル・スタンス(teleological stance, 目的論的立場)は、機械でも、機械がヒトの行為を解釈するような場合も、自分の動作をアピールするときにも、プログラムを書けばおそらくできると思う。さっき言った何かの原理みたいなのがあるんだったら、プログラムのその部分、ゴール・ジェネレーターっていうのが、できるんだったら面白いなと。なかなか難しい話ですけど。

　ずいぶん前に流行ったミラーニューロンは、ほかの人の行為の解釈と自分の行為が脳内の同じようなところで処理されています、というような話でした。

**梅田**　基本的にゴールがシェアされているという状況ですか。

**開**　そういうスタンスです。

**中島**　ゴール？

**開**　ゴールではないんです。

**中島**　ミラーニューロンの話は、他人が手を挙げるのを見たときと、自分が手を挙げたときの、どっちにも発火するニューロンがあるというだけでしょう。

**開** それだけなんですけど、なぜ手を挙げたかというところが、やっぱり面白いところだと思うんです。相手がなぜ手を挙げたかというのを解釈するのに、「自分だったら、ここで物を取るとき、手を挙げるよね」って思えるというのが。

**中島** そのような解釈をするというのは、ミラーニューロンの機能じゃないよね。でも、その話は、AI的にはすごく簡単だと思う。自分は何か問題解決プログラムを持ってるわけでしょ、そういうことを考えられるということは。だったら相手も同じプログラムを動かしていると思えばいい。自分のプログラムで相手の問題解決をシミュレートする。

**開** 万能の問題解決プログラムが一万個ぐらいあって、コントロールできるんだったら、そうかもしれません。人はそうやっているのかもわからない。

でも、プログラムをつくったときに、ゴールは何かという話がある。強化学習で、報酬空間をふつうは最初から与えてしまうじゃないですか。その報酬自体を人の行動系列から学習するという研究もあります(3)。

ゴールがあったからわかるっていうのが目的論的立場なんですけど、ゴールを推察できるというのも、けっこう本質的かなと思って。

**石黒** それ、簡単な問題でしょう。報酬が一〇種類くらいあって、いろいろやって。

**開** あ、そこから選択するんだったら、比較的できるよね。

**石黒** 結局、選択問題に落とさないと、発見なんかできない。

**中島**　選択問題じゃ、つまんないね。

**石黒**　でも、まったくゼロの何もないところから報酬をつくるのは……。

**開**　たとえばクラスが違う報酬空間みたいなのができるとか。

**中島**　ディープラーニングは内部表現を与えられなくても学習するじゃない。でも、オートエンコーディングとか始めたときに、そこに報酬のノードができるか。できそうもない気がするけど。

## 選択問題以外でコンピューターに解ける問題はあるか

**佐藤**　石黒さんが、選択問題というキーワードを出したんだけど、選択問題以外で、今コンピューターが解けてる問題ってあるんですか。

**石黒**　ないですよね。

**池上**　でも、生成系のディープラーニングとか、違うと思いますけどね。今まで一度も見たこともないようなものを生成できる。ディープドリームから始まって、いろいろありますよね。

**中島**　あれは、学習結果がタネになってるでしょ。

**池上**　そうですね。だけど、データをパラメータ化する潜在空間の次元が高いから、すごく変なふうな汎化もしちゃって、いろいろなものが出てくる。

**佐藤**　でも、それも結局パラメータスペースの範囲は与えられていて、そのなかから選択してるだけということじゃ……。

**池上**　連続空間ですからね。
**佐藤**　連続空間でも。
**中島**　要するに学習結果があるから、そこからパラメータを振っていけばいいという意味ではそうなんじゃないか。
**池上**　でも、予測不可能というところが……。
**佐藤**　それはいいんですけど、結局、選択問題に落として解いてるだけということになりませんか。
**池上**　離散的なのと連続的なのとで、選択問題は考え方としては無限に違うと思いますよ。つまり、選択肢が数えられるか。
**佐藤**　まあ、それはそうかもしれないけれども。
**池上**　あれはどう思います？　シュルツ(Wolfram Schultz)から始まった、不確定な方の選択肢を選ぶという話。不確定性と報酬が等価に生まれるって。
　このあいだフランスのフォーレ(Philippe Faure)という人の alteration of decision making process(意思決定過程の改変)という話を聞いたのですが、選べるのかどうかが決まらないことが褒美になるっていうのは、ちょっと面白いんじゃないかなと。
**開**　面白いと思う。
**中島**　ギャンブルが好きだってことと同等？
**開**　遊びの原理みたいなのを、誰でしたか、昔書いてた。遊びのなかに、どういう要因があるかというと……。

**池上**　カイヨワ（Roger Caillois）ですよね。カイヨワの四つの分類。

**石黒**　さっきの池上さんと佐藤さんの議論の嚙み合わなさというのは、僕らは、コンピューターのうえで実装することを考えていて、池上さんは、物理現象そのままで、熱ゆらぎのレベルからのバリエーションを見ている。

**佐藤**　そこが違う。本質的にね。

石黒さんに聞きたかったのは、僕は、今のコンピューターが解いているのは選択問題だけだと思うんだけれど、人間は選択問題以外のものを解いているんでしょうかね。

**石黒**　わからないですよね。直感みたいなものとか。ゆらいでいる分子でできている脳だから人間の素晴らしい直感があるんだとか言われちゃうと、コンピューターではできないとなる。

**中島**　いや、ゆらぎでいいんだったら、乱数つくればいいだけだから。

**石黒**　まあその、もっと複雑なものなんでしょう。

**池上**　複雑さを入れましょう（笑）。

**梅田**　もう答えはこれだとわかっているのに、わざわざそうじゃない回答をするときに動くニューロンっていうのがあります。それは一種の「遊び」ということもできるんですけれども、もしかして今思っている以上の最高のご褒美が出るんじゃないか、みたいなことを考えたりとか、ある意味かなり創造的なんです。そういうことって、以前はだいぶ無視されていたんですけれども、最近はずいぶん着目されるようになった。大きな進歩だなと思います。

## ヒトの感情・意思決定に内臓が関わっている

**梅田** 感情研究って、脳の研究も多いですが、実は、自律神経を経由する内臓系の研究がとっても多いんですよ。結局、直感というのはgut feelingというぐらいで、内臓の反応がすごく大きい。触覚というのも、実はそれを通して内臓に変化があって自律神経系が動き、それが脳に伝達される。そして場合によっては感情が生まれる。

身体のことはずっとこの業界でも議論されているんだけれども、人間でいう内臓みたいな動きの話がぜんぜん出てこない。必要ないのかもしれない。だけど、ダマシオ(Antonio Damasio)も言っていますが、人間の場合、実は意識にあがらない体の反応が、感情とか意思決定に影響を与えています。そこってシミュレートしていく必要もないのか、やっぱり最後にはそこにいくのか、みなさんにぜひ伺いたいです。

**池上** それ、重要ですよね。早稲田の菅野重樹先生とかは、水が循環するようなケーブルをリンパ液や血液のように体中に引き回すロボットつくってましたね。

**梅田** 血液のシミュレーション？

**池上** そう。

**中島** 僕は、今そこはぜんぜん重要じゃないと思っていて、人間が進化的にそうできているかもしれないけど、そこを追っかけてつくる必要はぜんぜん感じない。

**梅田**　リスクというのは、結局、体で感じるものですよね。生命が脅かされるというのは、結局、体の反応なので。

**石黒**　でも、脳と体って、そんなに密につながっていないので、何ていうか、ある種のシミュレーション信号さえ上がってくればいいような気がします。

**梅田**　それは神経科学の今の考え方じゃなくて、だいぶ昔の考え方ですよね。今は、やっぱり脳は体と一体化して考えるべきだということになっている。

**中島**　人間がそうだというところはいいんですけど、ＡＩがそうしなきゃいけないということにはならない。

**梅田**　その話はまったく別個なんだということであれば、僕もそれで納得するんですけど。

**開**　意思決定とか、けっこうベーシックな能力、認知機能に、内部状態というか、体の深部状態みたいなやつが関わっている。

**梅田**　実は、ぱっとアイディアが浮かぶようなときも。

**中島**　僕のスタンスとしては、その研究を横目に見てて、新しい知見がきたらプログラムにすればいいと。

**石黒**　さっきのサブサンプション・アーキテクチャー、中島さんが外側に聞けという、ああいうフレーム問題を解こうとするときに、こんなに超複雑な体があって初めて解ける問題がたくさんあって、これがもう問題解決器になってるとすると、脳だけじゃ駄目で、けっこう頑張っておかないといけない。

**中島**　だからね、脳がどうやっているかわからないからプログラムを書いてみましょうというのがＡＩの方法論だとすると、今の、内臓がどうなっているかわからないからアンドロイドをつくってみましょうというのが必要かどうかなのね。

**石黒**　内臓まで要るかどうかわかんないけど。

**中島**　レザヴォワ・コンピューティング（reservoir computing）なんて、そういう雰囲気？

**池上**　アルゴリズムで簡単には書けないけど、どっかにわかってないものを用意してこないと、計算できないというやつだよね。

**梅田**　潜在認知というのが認知科学のずいぶん昔からのテーマで、潜在というのは意識にあがってこないものであって、じゃあ何なのかといったら、かなりのところ実は身体反応。身体といってもハード的なものじゃなくて、内臓反応だったりするので。

**中島**　いや、脳かもしれない。

**梅田**　もちろん、脳とのインタラクションであって、脳だけじゃ駄目、体と脳ということですね。

**石黒**　人工心臓入れたり、大きな臓器移植をやると性格が変わるって言うじゃない。あれ、本当なんですか。

**梅田**　それは十分あり得ると思いますよ。

**開**　性格、変わるんだ。

**石黒**　ロボット的になるんですか。

**梅田**　ロボット的なものになるんじゃなくて、移植の場合は、その心臓のもともとの持ち主の性格に近づく可能性があるということです。心臓の機能に由来するので。
**開**　移植じゃなくて、ペースメーカーみたいなのは？
**梅田**　ペースメーカーでも、自分の感情の変わり方が変わると思います。
**石黒**　人工心臓の場合は、流量を変えるやつがあるんです。補助人工心臓で、普通のポンプを入れてるんですけどね、寝るときはボリュームを回してゆっくりにするんですよ。でないと寝られない。

## 知能の基本原理を探す

**石黒**　きょうの話で、僕がちょっとよかったなと思うのは、擬人化しないで説明できるＡＩの研究をしないといけない、ということ。
**中島**　それはひとつ、面白いと思う。
**石黒**　僕にはちょっと引っかかったので、考えようと。擬人化しかしてないかもしれないので。
**中島**　ＡＩなの？　それともＩ、インテリジェンスだけ？
**石黒**　Ｉ。でもどちらも。
**佐藤**　よくわからないけれど、要は、それができるとわれわれは知能とか、知性ということに対して、一段理解が深まったと言えるんじゃないか、ということだと思います。
**中島**　知能を擬人化せずに説明できるということね。
**石黒**　そういうハードコアなやつって……ＩＩＴ（意識の統合情報理論）はちょっとそうかもしれない。

**池上**　たとえば「ＤＮＡの塩基配列を読みながら」ってやるじゃない。そのときに擬人化を使ってますよね。三つずつ読んで、アミノ酸もってきて、タンパクつくって……と言わないとすると、何をしているかの説明はとんでもないことになりますよね。

**中島**　それは、擬人化じゃなくて、目的論的説明。

**池上**　でも、「読んで」とか、「次に移って」とかって言いますよ。

**石黒**　もうちょっと違う発見かなと思ってて。ぼんやりした、記憶とか意識みたいな演算回路があって、その意識の回路があると、もうそれ知能ですよ、っていうような、もっとハードコアな説明が……。

**中島**　「読む」っていうのは、ほかのことまで入れなければ、擬人化だとは思わない。

**池上**　擬人化とはちがうけど、アメリカの数学会で人のやった証明を機械に再度やらせるってのが動いてる。いくつかの公理から始めて、証明が正しいかを検証する。そしたらジョルダンの曲線定理がひっかかった。ゴム輪を平面に置いたら、内側と外側に分かれますよね。トリビアルに見えるじゃないですか。これのいろいろな証明があるんだけど、その証明を自動プログラムに検証させたら、「これ、間違ってる」と。レンマ（補題）を二つ導入して、これだったら証明になっているって。これで証明だと人がわかるってのは、機械のわかるとは違う。擬人化もわかるとはどういうことか、なので、擬人化しないでわかる、正しい仕方があるか。

**佐藤**　少なくとも僕は、今のコンピューター上でプログラムを書いているので、プログラムでちゃんと動けば、それはある意味で擬人化してない説明にはなっていると思います。だから、それをもう少し抽象して、ほかの人に伝えるときに擬人化が入っちゃう可能性はあるかもしれないけど、少なくともコンピュータープログラムのレベルでは擬人化は入らない。

**池上**　ボーア(Niels Bohr)の相補原理がある。量子っていうのは、波でもあり、粒子でもある。でも波か粒子かっていうのは、どっちでもないんです。第三項で考えなければいけなくて、それを quantum(量子)と呼ぶ。そのことはいくら話しても、みんな理解できなくて、「たまに粒子になったり、波になったり、両方の性質があるんでしょう」って言う。そうじゃないんです。三番目のものを持ってこなきゃいけない。それが量子論の根幹にある。

そういうものが認知でもあるんだったら、根本問題も解けはじめるなと。

**石黒**　それが見つかったら、人間に言及しないで純粋知能を説明できる。

**池上**　そう。それが基底の原理を探すってことなんです。今のところ、それはけっこう厳しくて、見つかってないけれども、そういうのが見つかれば。

**石黒**　記憶とか演算はできているので、もうちょっと頑張ったらできるんじゃないかな。

**佐藤**　だから、一つの方向性としてはそういうことかなぁと僕は思ってるんですけど。それがすぐできると言っているわけじゃなくてね。

**池上**　もちろんそうですね。

**佐藤**　というか、何かつくりたいというよりは、僕は、やっぱり何かそういうことがわかりたいというほうにベクトルがあるので、そういうことになっちゃうんだと思う。

**池上**　そもそもが、神経ネットワークでもって知性をつくろうとしているところに、うまくいっていない理由があるかもしれなくて。シグモイド関数のニューロンをつなぎ合わせれば知性のもとになるっていう考えが、間違ってるかもしれないですね。

**中島**　今のディープラーニングの研究って、そういう意味の理屈がない。こういうふうにしたら良かったというのしかなくて、なぜいいかという話になってない。

**池上**　今のディープラーニングは、計算機のハードウェアに即して、どんどん変えていってる。結局、その身体性というのはハードウェアなんですよね。それに合わせると、いわゆるシグモイド関数じゃなくて、もうちょっと効率のいいものも出てきて、そっちのほうがハードウェアにあった知性が創発するかもしれないわけで、そういう考え方は面白いなと思って。

**中島**　確かにね。

（二〇一七年一二月七日、岩波書店にて収録後、加筆修正）

## 注

（1）デブ・ロイのＴＥＤスピーチ「初めて言えた時（The birth of a word）」：https://www.ted.com/talks/deb_roy_the_birth_of_a_word?language=ja

（2）「包摂アーキテクチャー」と訳されることが多いが、サブサンプションは「下位を従える」という意味で使われている。本書所収のブルックス「ゾウはチェスをしない」参照。

（3）Abeel, P., and A. Ng (2004). Apprentice learning via inverse reinforcement learning. *Proc. ICML–04*.

# 索引

## さ行



## た行

### な行



### は行



### ま行

## や行



## ら行

# 参考文献

日本語版における補足情報を〔　〕内に記す

## チューリング「計算機械と知能」

Butler, S.(1865). *Erewhon: or, Over the Range*, London: Trübner and Ballantyne. Chapters 23, 24, 25, *The Book of the Machines*.

Church, A.(1936). An unsolvable problem of elementary number theory. *American Journal of Mathematics* 58(2): 345–363.

Gödel, K.(1931). Über formal unentscheidbare Sätze der Principia Mathematica und verwandter Systeme, I. *Monatshefte für Mathematik und Physik* 38(1): 173–198.〔ゲーデル『不完全性定理』林晋・八杉満利子 訳，岩波文庫，2006 年〕

Hartree, D. R.(1949). *Calculating Instruments and Machines*, New York.

Kleene, S. C.(1935). General recursive functions of natural numbers. *American Journal of Mathematics* 57(1): 153–173 and 219–244.

Jefferson, G.(1949). The mind of mechanical man. Lister Oration for 1949. *British Medical Journal* 1(1416): 1105–1110.

Countess of Lovelace(1843). Translator's notes to an article on Babbage's Analytical Engine. In R. Taylor(ed.), *Scientific Memoirs: selected from the transactions of foreign academies of science and learned societies, and from foreign journals*, vol. 3, London, pp. 691–731.

Russell, B.(1946). *History of Western Philosophy*, London: George Allen Unwin.〔バートランド・ラッセル『西洋哲学史 1-3』市井三郎 訳，みすず書房，1970 年〕

Turing, A. M.(1937). On computable numbers, with an application to the Entscheidungsproblem. *Proceedings of the London Mathematical Society* s2-42(1): 230–265.〔チューリング「計算可能な数について，その決定問題への応用」佐野勝彦 訳，伊藤和行 編『コンピュータ理論の起源 第 1 巻 チューリング』近代科学社，2014 年〕

## ブルックス「ゾウはチェスをしない」

Agre, P., and D. Chapman(1987). Pengi: An implementation of a theory of activity, *AAAI-86*, Seattle, WA, 268–272.

Angle, C. M.(1989a). Genghis, a six legged autonomous walking robot, MIT S.B. Thesis in Electrical Engineering and Computer Science.

Angle, C. M.(1989b). Attila's cripped brother marvin, MIT Term Paper in Electrical

Engineering and Computer Science.

Ballard, D. H.(1989). Reference frame for active vision, *IJCAI-89*, Detroit, MI, 1635–1641.

Brooks, R. A.(1986). A robust layered control system for a mobile robot, *IEEE J. Robotics and Automation*, RA-2, 14–23.

Brooks, R. A.(1987). Micro-brains for micro-brawn; Autonomous microbots, *IEEE Micro Robots and Teleoperators Workshop*, Hyannis, MA.

Brooks, R. A.(1989a). Symbolic reasoning among 3-D model and 2-D images, *Artificial Intelligence* 17: 285–348.

Brooks, R. A.(1989b). A robot that walks: Emergent behavior form a carefully evolved network, *Neural Computation* 1(2): 253–262.

Brooks, R. A., and J. H. Connell(1986). Asynchronous distributed control system for a mobile robot, *SPIE Vol. 727 Mobile Robots*, Cambridge, MA, 77–84.

Brooks, R. A., and A. M. Flynn(1989). Robot beings, *IEEE/RSJ International Workshop on Intelligent Robots and Systems '89*, Tsukuba, Japan, 2 10.

Brooks, R. A., A. M. Flynn, and T. Marill(1987). Self calibration of motion and stereo for mobile robot navigation, *MIT AI Memo* 984.

Brooks, R. A., J. H. Connell, and P. Ning(1988). Herbert: A second generation mobile robot, *MIT AI Memo* 1016.

Chapman, D.(1987). Planning for conjunctive goals, *Artificial Intelligence* 32: 333–377.

Connell, J. H.(1987). Creature building with the subsumption architecture, *IJCAI-87*, Milan, 1124–1126.

Connell, J. H.(1988). A behavior-based arm controller, *MIT AI Memo* 1025.

Connell, J. H.(1989). A colony architecture for an artificial creature, MIT Ph.D. Thesis in Electrical Engineering and Computer Science, *MIT AI Lab Tech Report* 1151.

Eichenbaum, H., S. I. Wiener, M. L. Shapiro, and N. J. Cohen(1989). The organization of spatial coding in the hippocampus: A study of neural ensemble activity. *Journal of Neuroscience* 9(8): 2764–2775.

Flynn, A. M.(1987). Gnat robots(and how they will change robotics), *IEEE Micro Robots and Teleoperators Workshop*, Hyannis, MA.

Flynn, A. M.(1988). Gnat robots: A low-intelligence, low-cost approach, *IEEE Solid-State Sensor and Actuator Workshop*, Hilton Head, SC.

Flynn, A. M., R. A. Brooks, and L. S. Tavrow(1989). Twilight zones and cornerstones:

A gnat robot double feature, *MIT AI Memo* 1126.

Flynn, A. M., R. A. Brooks, W. M. Wells, and D. S. Barrett (1989). The world's largest one cubic inch robot, *Proceedings IEEE Micro Electro Mechanical Systems*, Salt Lake City, Utah, 98-101.

Horswill, I. D., and R. A. Brooks (1988). Situated vision in a dynamic world: Chasing objects, *AAAI-88*, St Paul, MN, 796–800.

Maes, P. (1989). The dynamics of action selection, *IJCAI-89*, Detroit, MI, 991–997.

Mataric, M. J. (1989). Qualitative sonar based environment learning for mobile robots, *SPIE Mobile Robots*, Philadelphia, PA.

Mataric, M. J. (1990). A model for distributed mobile robot environment learning and navigation, MIT M.S. Thesis in Electrical Engineering and Computer Science.

Moravec, H. P. (1984). Locomotion, vision and intelligence, In M. Brady and R. P. Paul (eds.), *Robotics Research* 1, Cambridge, MA: MIT Press, pp. 215–224.

Pylyshyn, Z. W. (ed.) (1987). *The Robot's Dilemma: the frame problem in artificial intelligencea*, Norwood, NJ: Ablex Publishing.

Samuel, A. L. (1959). Some studies in machine learning using the game of checkers, *IBM Journal of Research and Development* 3 (3): 210–229.

Sarachik, K. B. (1989). Characterising an indoor environment with a mobile robot and uncalibrated stereo, *Proceedings IEEE Robotics and Automation*, Scottsdale, AZ, 984–989.

Simon, H. A. (1969). *The Sciences of the Artificial*, Cambridge, MA: MIT Press. 〔H. A. サイモン『システムの科学』倉井武夫，稲葉元吉，矢矧晴一郎 訳，ダイヤモンド社，1969 年〕

Viola, P. (1989). Neurally inspired plasticity in oculomotor processes, *1989 IEEE Conference on Neural Information Processing Systems — Natural and Synthetic*, Denver, CO.

Yarbus, A. L. (1967). *Eye Movements and Vision*, New York: Plenum Press.

### ラングトン「人工生命」

Arbib, M. A. (1966). Simple self-reproducing universal automata. *Information and Control* 9 (2): 177–189.

Berlekamp, E., J. Conway, and R. Guy (1982). *Winning Ways for your Mathematical Plays*, New York: Academic Press. 〔E. R. Berlekamp, J. H. Conway, R. K. Guy『数学ゲーム必勝法 1』小林欣吾，佐藤創 監訳，共立出版，2016 年〕

Booker, L., D. E. Goldberg, and J. H. Holland (1989). Classifier systems and genetic algorithms. *Artificial Intelligence*, in press. 〔Published in 1989, 40 (1–3): 235–282〕

Braitenberg, V. (1984). *Vehicles: Experiments in Synthetic Psychology*, Cambridge: MIT Press. 〔V. ブライテンベルク『模型は心を持ちうるか：人工知能・認知科学・脳生理学の焦点』加地大介 訳，哲学書房，1987 年〕

Burks, A. W. (ed.) (1970). *Essays on Cellular Automata*, Urbana, IL: University of Illinois Press.

〔Byl, J. (1989). Self-reproduction in small cellular automata. *Physica D: Nonlinear Phenomena* 34 (1–2): 295–299.〕

Chapuis, A., and E. Droz (1958). *Automata: A Historical and Technological Study*, translated by A. Reid, London: B. T. Batsford.

Codd, E. F. (1968). *Cellular Automata*, New York: Academic Press.

Conrad, M., and M. Strizich (1985). EVOLVE II: A computer model of an evolving ecosystem. *Biosystems* 17 (2): 245–258.

Dawkins, R. (1986). *The Blind Watchmaker*, London: W. W. Norton. 〔リチャード・ドーキンス『盲目の時計職人：自然淘汰は偶然か？』日高敏隆 監修，中嶋康裕ほか 訳，早川書房，2004 年〕

〔Dawkins, R. (1988). The Evolution of Evolvability. In Langton (1989), pp. 201–220.〕

Dewdney, A. K. (1984a). Computer recreations: in the game called Core War hostile programs engage in a battle of bits. *Scientific American* 250 (5): 14–22.

Dewdney, A. K. (1984b). Computer recreations: Sharks and fish wage an ecological war on the toroidal planet Wa-Tor. *Scientific American* 251 (6): 14–22.

Dewdney, A. K. (1985a). Computer recreations: A Core War bestiary of viruses, worms and other threats to computer memories. *Scientific American* 252 (3): 14–23.

Dewdney, A. K. (1985b). Computer recreations: Exploring the field of genetic algorithms in a primordial computer sea full of flibs. *Scientific American* 253 (5): 21–32.

Dewdney, A. K. (1987a). Computer recreations: A program called MICE nibbles its way to victory at the first Core War tournament. *Scientific American* 256 (1): 14–20.

Dewdney, A. K. (1987b). Computer recreations: The game of Life acquires some successors in three dimensions. *Scientific American* 256 (2): 16–24.

Farmer, J. D., T. Toffoli, and S. Wolfram (eds.) (1984). Cellular automata: Proceedings of an interdisciplinary workshop, Los Alamos, New Mexico, March 7–11, 1983. *Physica D* 10 (1–2).

Frisch, U., B. Hasslacher, and Y. Pomeau (1986). Lattice gas automata for the Navier–

Stokes equation. *Physical Review Letters* 56(14): 1505–1508.

Gardner, M.(1970). The fantastic combinations of John Conway's new solitaire game 'Life.' *Scientific American* 223(4): 120–123.

Gardner, M.(1971). On cellular automata, self-reproduction, the Garden of Eden and the game of 'Life.' *Scientific American* 224(2): 112–117.

Holland, J. H.(1975). *Adaptation in Natural and Artificial Systems: An introductory analysis with applications to biology, control, and artificial intelligence*, Ann Arbor, MI: University of Michigan Press.

Holland, J. H.(1986). Escaping brittleness: The possibilities of general purpose learning algorithms applied to parallel rule-based systems. In R. S. Mishalski, J. G. Carbonell, and T. M. Mitchell(eds.), *Machine Learning II*, New York: Kauffman, pp. 593–623.

Hopcroft, J. E., and J. D. Ullman(1979). *Introduction to Automata Theory, Languages, and Computation*, Menlo Park, CA: Addison-Wesley.

Jacobson, H. J.(1958). On models of reproduction. *American Scientist* 46(3), 255–284.

Laing, R.(1975). Artificial molecular machines: A rapproachment between kinematic and tessellation automata. *Proceedings of the International Symposium on Uniformly Structured Automata and Logic, Tokyo, August, 1975.*

Laing, R.(1977). Automaton models of reproduction by self-inspection. *Journal of Theoretical Biology* 66: 437–456.

Langton, C. G.(1984). Self-reproduction in cellular automata. *Physica D* 10(1–2): 135–144.

Langton, C. G.(1986). Studying artificial life with cellular automata. *Physica D* 22(1–3): 120–149.

Langton, C. G.(1987). Virtual state machines in cellular automata. *Complex Systems* 1: 257–271.

Langton, C. G.(ed.)(1989). *Artificial Life: The Proceedings of an Interdisciplinary Workshop on the Synthesis and Simulation of Living Systems held September, 1987 in Los Alamos, New Mexico*. Santa Fe Institute Studies in the Sciences of Complexity, Volume VI, Addison-Wesley.

〔Lindenmayer, A., and P. Prusinkiewicz(1988). Developmental Models of Multicellular Organisms: A Computer Graphics Perspective. In Langton(1989), pp. 221–249.〕

Masani, P. (ed.)(1985). *Norbert Wiener: Collected Works*, Cambridge, MA: MIT

Press, Vol. IV.

McCulloch, W. S., and W. Pitts (1943). A logical calculus of the ideas immanent in nervous activity. *Bulletin of Mathematical Biophysics* 5 (4): 115–133.

Minsky, M., and S. Papert (1969). *Perceptrons: An Introduction to Computational Geometry*, Cambridge, MA: MIT Press.

Morris, William. (1982). *American Heritage Dictionary of the English Language*, 2nd edition, Houghton Mifflin.

〔Packard, N. H. (1988). Intrinsic Adaptation in a Simple Model for Evolution. In Langton (1989), pp. 141–155.〕

Penrose, L. S. (1959). Self-reproducing machines. *Scientific American* 200 (6): 105–113.

Poundstone, W. (1985). *The Recursive Universe*, New York: William Morrow.〔ウィリアム・パウンドストーン『ライフゲイムの宇宙』有澤誠 訳，日本評論社，1990 年〕

Reynolds, C. W. (1987). Flocks, herds, and schools: A distributed behavioral model, (Proceedings of SIGGRAPH '87). *Computer Graphics* 21 (4): 25–34.

Rizki, M. M., and M. Conrad (1986). Computing the theory of evolution. *Physica D* 22 (1–3): 83–99.

Rosenblatt, F. (1962), *Principles of Neurodynamics: Perceptrons and the Theory of Brain Mechanisms*, Washington, D.C.: Spartan Books.

Samuel, A. L. (1959). Some Studies in Machine Learning using the Game of Checkers. *IBM Journal of Research and Development* 3 (3): 210–229.

Simon, H. A. (1969). *The Sciences of the Artificial*, Boston: MIT Press.〔H. A. サイモン『システムの科学』倉井武夫，稲葉元吉，矢矧晴一郎 訳，ダイヤモンド社，1969 年；ハーバート A. サイモン『システムの科学(第 3 版)』稲葉元吉，吉原英樹 訳，パーソナルメディア，1999 年〕

Stahl, W. R., and H. E. Goheen (1963). Molecular algorithms. *Journal of Theoretical Biology* 5 (2): 266–287.

Stahl, W. R., R. W. Coffin, and H. E. Goheen (1964). Simulation of biological cells by systems composed of string-processing finite automata. *AFIPS Conference Proceedings: 1964 Spring Joint Computer Conference*, vol. 25, 89–102.

Stahl, W. R. (1965). Algorithmically unsolvable problems for a cell automaton. *Journal of Theoretical Biology* 8 (3): 371–394.

Stahl, W. R. (1967). A computer model of cellular self-reproduction. *Journal of Theo-*

*retical Biology* 14(2): 187–205.

Thatcher, J.(1970). Universality in the von Neumann cellular model. In A. W. Burks (ed.), *Essays on Cellular Automata*, Urbana, IL: University of Illinois Press.

Toffoli, T.(1984). Cellular automata as an alternative to (rather than an approximation of) differential equations in modeling physics. *Physica D* 10(1–2): 117–127.

Toffoli, T., and N. Margolus(1987). *Cellular Automata Machines: a new environment for modeling*, Cambridge: MIT Press.

Ulam, S.(1962). On some mathematical problems connected with patterns of growth of figures. *Proceedings of Symposia in Applied Mathematics* 14: 215–224; reprinted in *Essays on Cellular Automata*, A. W. Burks(ed.)(1970), Urbana, IL: University of Illinois Press.

Von Neumann, J.(1966), *Theory of Self-Reproducing Automata*, edited and completed by A.W. Burks, Urbana, IL: University of Illinois Press.

Waddington, C. H.(1961). *The Nature of Life*. London: Allen & Unwin. 〔C. H. ウォディントン『生命の本質』白上謙一，碓井益雄 訳，岩波書店，1964 年〕

Walter, W. G.(1950). An imitation of life. *Scientific American* 182(5): 42–45.

Walter, W. G.(1951). A machine that learns. *Scientific American* 185(2): 60–63.

Wiener, N.(1961). *Cybernetics, or Control and Communication in the Animal and the Machine*, 2nd edition, New York: John Wiley; original print in 1948. 〔ウィーナー『サイバネティックス：動物と機械における制御と通信』池原止戈夫，彌永昌吉，室賀三郎，戸田巌 訳，岩波文庫，2011 年〕

Wolfram, S.(1986). Cellular automaton fluids 1: Basic theory. *Journal of Statistical Physics* 45(3–4): 471–526.

## ヒントン「特徴量はどこから来るのか？」

Baum, L. E.(1972). An inequality and associated maximization technique in statistical estimation for probabilistic functions of markov processes. *Inequalities* 3: 1–8.

Bengio, Y., P. Simard, and P. Frasconi(1994). Learning long-term dependencies with gradient descent is difficult. *IEEE Transactions on Neural Networks* 5: 157–166.

Buesing, L., J. Bill, B. Nessler, and W. Maass(2011). Neural dynamics as sampling: A model for stochastic computation in recurrent networks of spiking neurons. *PLoS Computational Biology* 7: 10.1371/journal.pcbi.1002211.

Crick, F., and G. Mitchison(1983). The function of dream sleep. *Nature* 304: 111–114.

Dahl, G. E., M. Ranzato, A. Mohamed, and G. E. Hinton(2010). Phone recognition

with the mean-covariance restricted Boltzmann machine. In J. Shawe-Taylor, R. S. Zemel, P. L. Bartlett, F. Pereira, and K. Q. Weinberger (eds.), *Advances in neural information processing systems*, Vol. 24, pp. 469–477.

DeMers, D., and G. W. Cottrell (1993). Nonlinear dimensionality reduction. In C. Hanson, and C. Giles (eds.), *Advances in neural information processing systems*, Vol. 5, San Mateo, CA: Morgan Kaufmann, pp. 580–587.

Dempster, A. P., N. M. Laird, and D. B. Rubin (1977). Maximum likelihood from incomplete data via the em algorithm. *Journal of the Royal Statistical Society B* 39: 1–38.

Elman, J. L. (1990). Finding structure in time. *Cognitive Science* 14 (2): 179–211.

Erhan, D., Y. Bengio, A. Courville, P. Manzagol, P. Vincent, and S. Bengio (2010). Why does unsupervised pre-training help deep learning? *Journal of Machine Learning Research* 11: 625–660.

Friston, K., J. Kilner, and L. Harrison (2006). A free energy principle for the brain. *Journal of Physiology* 100: 70–87.

Hecht-Nielsen, R. (1995). Replicator neural networks for universal optimal source coding. *Science* 269: 1860–1863.

Heckerman, D. (1986). Probabilistic interpretations for mycin's certainty factors. In L. Kanal, and J. Lemmer (eds.), *Uncertainty in artificial intelligence*, New York: North-Holland, pp. 167–196.

Hinton, G. E. (1989). Connectionist learning procedures. *Artificial Intelligence* 40: 185–234.

Hinton, G. E. (2002). Training products of experts by minimizing contrastive divergence. *Neural Computation* 14 (8): 1711–1800.

Hinton, G. E. (2010). Learning to represent visual input. *Philosophical Transactions of the Royal Society B* 365: 177–184.

Hinton, G. E., P. Dayan, B. J. Frey, and R. Neal (1995). The wake-sleep algorithm for self-organizing neural networks. *Science* 268: 1158–1161.

Hinton, G. E., A. Krizhevsky, and S. Wang (2011). Transforming auto-encoders. In T. Hontela, W. Duch, M. Girolami, and S. Kashki (eds.), *ICANN–11: International conference on artificial neural networks*, Helsinki: Springer, pp. 44–51.

Hinton, G. E., S. Osindero, and Y. W. Teh (2006). A fast learning algorithm for deep belief nets. *Neural Computation* 18 (7): 1527–1554.

Hinton, G. E., and R. R. Salakhutdinov (2006). Reducing the dimensionality of data

with neural networks. *Science* 313 : 504–507.

Hinton, G. E., and T. J. Sejnowski (1986). Learning and relearning in Boltzmann machines. In D. E. Rumelhart, and J. L. McClelland (eds.), *Parallel distributed processing : Volume 1 : Foundations*, Cambridge, MA : MIT Press, pp. 282–317.

Hinton, G. E., and R. S. Zemel (1994). Autoencoders, minimum description length, and Helmholtz free energy. *Advances in Neural Information Processing Systems* 6 : 3–10.

Hochreiter, S., and J. Schmidhuber (1997). Long short-term memory. *Neural Computation* 9 : 1735–1780.

Horn, B. K. P. (1977). Understanding image intensities. *Artificial Intelligence* 8 : 201–231.

Jordan, M. I., Z. Ghahramani, T. S. Jaakkola, and L. K. Saul (1999). An introduction to variational methods for graphical models. In M. I. Jordan (ed.), *Learning in graphical models*, Cambridge, MA : MIT Press, pp. 105–161.

Lauritzen, S. L., and D. J. Spiegelhalter (1988). Local computations with probabilities on graphical structures and their application to expert systems. *Journal of the Royal Statistical Society B* 50 : 157–224.

LeCun, Y. (1985). Une procédure d'apprentissage pour réseau a seuil asymmetrique (a learning scheme for asymmetric threshold networks). In F. Fogelman (ed.), *Proceedings of cognitiva*, Paris, France, pp. 599–604.

LeCun, Y., L. Bottou, Y. Bengio, and P. Haffner (1998). Gradient-based learning applied to document recognition. *Proceedings of the IEEE* 86 (11) : 2278–2324.

Lee, H., R. Grosse, R. Ranganath, and A. Ng (2009). Convolutional deep belief networks for scalable unsupervised learning of hierarchical representations. In L. Bottou, and M. Littman (eds.), *Proceedings of the 26th international conference on machine learning*, Montreal : ACM, pp. 609–616.

MacKay, D. J. C. (2003). *Information theory, inference, and learning algorithms*, Cambridge, England : Cambridge University Press.

Markram, H., L. Joachim, M. Frotscher, and B. Sakmann (1997). Regulation of synaptic efficacy by coincidence of postsynaptic APs and EPSPs. *Science* 275 : 213–215.

Martens, J. (2010). Deep learning via Hessian-free optimization. In J. Furnkranz, and T. Joachims (eds.), *Proceedings of the 27th international conference on machine learning (ICML)*, Haifa, Israel : Omnipress, pp. 735–742.

McClelland, J. L., and D. E. Rumelhart (1981). An interactive activation model of con-

text effects in letter perception: Part 1. An account of basic findings. *Psychological Review* 88: 375–407.

Nair, V., and G. E. Hinton (2010). Rectified linear units improve restricted Boltzmann machines. In J. Furnkranz, and T. Joachims (eds.), *Proceedings of the 27th international conference on machine learning*, Haifa, Israel: Omnipress, pp. 807–814.

Neal, R. M. (1992). Connectionist learning of belief networks. *Artificial Intelligence* 56(1): 71–113.

Neal, R. M. (1994). *Bayesian learning for neural networks*. Ph. D. thesis, Department of Computer Science, University of Toronto.

Neal, R. M., and G. E. Hinton (1998). A new view of the EM algorithm that justifies incremental, sparse and other variants. In M. I. Jordan (ed.), *Learning in graphical models*, Dordrecht, The Netherlands: Kluwer Academic Publishers, pp. 355–368.

O'Keefe, J., and M. L. Recce (1993). Phase relationship between hippocampal place units and the EEG theta rhythm. *Hippocampus* 3: 317–330.

Pearl, J. (1988). *Probabilistic inference in intelligent systems: Networks of plausible inference*, San Mateo, CA: Morgan Kaufmann.

Ranzato, M., Y. Boureau, and Y. LeCun (2007). Sparse feature learning for deep belief networks. In B. Scholkopf, J. Platt, and T. Huffman (eds.), *Advances in neural information processing systems*, Vol. 20, San Mateo, CA: Morgan Kaufmann, pp. 1185–1192.

Rasmussen, C. E., and C. K. I. Williams (2006). *Gaussian processes for machine learning*, Cambridge, MA: MIT Press.

Reichert, D. P., P. Series, and A. J. Storkey (2010). Hallucinations in Charles Bonnet syndrome induced by homeostasis: A deep Boltzmann machine model. In J. Lufferty, and C. Williams (eds.), *Advances in neural information processing systems*, Vol. 23, San Mateo, CA: Morgan Kaufmann, pp. 2020–2028.

Rifai, S., P. Vincent, X. Muller, X. Glorot, and Y. Bengio (2011). Contracting autoencoders: Explicit invariance during feature extraction. In L. Getoor, and T. Scheffer (eds.), *Proceedings of the 28th international conference on machine learning*, New York: ACM, pp. 833–840.

Rumelhart, D. E., G. E. Hinton, and, R. J. Williams (1986a). Distributed representations. In D. E. Rumelhart, and J. L. McClelland (eds.), *Parallel distributed processing: Volume 1: Foundations*, Cambridge, MA: MIT Press, pp. 77–109.

Rumelhart, D. E., G. E. Hinton, and R. J. Williams (1986b). Learning representations

by back-propagating errors. *Nature* 323 : 533–536.

Salakhutdinov, R. R., and G. E. Hinton (2012). An efficient learning procedure for deep Boltzmann machines. *Neural Computation* 24 : 1967–2006.

Saul, L. K., T. Jaakkola, and M. Jordan (1996). Mean field theory for sigmoid belief networks. *Journal of Artificial Intelligence Research* 4 : 61–76.

Smolensky, P. (1986). Information processing in dynamical systems: Foundations of harmony theory. In D. E. Rumelhart, and J. L. McClelland (eds.), *Parallel distributed processing: Volume 1: Foundations*, Cambridge, MA: MIT Press, pp. 194–281.

Taylor, G. W., G. E. Hinton, and S. Roweis (2011). Two distributed-state models for generating highdimensional time series. *Journal of Machine Learning Research* 12 : 1025–1068.

Tenenbaum, J. B., T. L. Griffiths, and C. Kemp (2006). Theory-based Bayesian models of inductive learning and reasoning. *Trends in Cognitive Sciences* 10 : 309–318.

Tieleman, T. (2008). Training restricted Boltzmann machines using approximations to the likelihood gradient. In A. McCallum, and S. Roweis (eds.), *Proceedings of the 25th international conference on machine learning*, New York: ACM, pp. 1064–1071.

Tieleman, T., and G. E. Hinton (2009). Using fast weights to improve persistent contrastive divergence. In L. Bottou, and M. Littman (eds.), *Proceedings of the 26th international conference on machine learning*, New York: ACM, pp. 1033–1040.

Vincent, P., H. Larochelle, I. Lajoie, Y. Bengio, and P. -A. Manzagol (2010). Stacked denoising autoencoders: Learning useful representations in a deep network with a local denoising criterion. *Journal of Machine Learning Research* 11 : 3371–3408.

Waibel, A., T. Hanazawa, G. E. Hinton, K. Shikano, and K. J. Lang (1989). Phoneme recognition using time-delay neural networks. *IEEE Transactions on Acoustics, Speech, and Signal Processing* 31 : 328–339.

Welling, M., M. Rosen-Zvi, and G. E. Hinton (2005). Exponential family harmoniums with an application to information retrieval. In L. Saul, Y. Weiss, and L. Bottou (eds.), *Advances in neural information processing systems*, Cambridge, MA: MIT Press, pp. 1481–1488.

Werbos, P. J. (1974). *Beyond regression: New tools for prediction and analysis in the behavioral sciences*. Ph. D. thesis, Harvard University.

Yao, X. (1999). Evolving artificial neural Networks. *Proceedings of the IEEE* 87 : 1423–1447.

**開　一夫**(ひらき　かずお)　監修，チューリング導入，ブルックス導入，座談会
東京大学　大学院総合文化研究科　広域科学専攻　広域システム科学系　教授．専門は発達認知科学．
**中島秀之**(なかしま　ひでゆき)　監修，イントロダクション，ラングトン導入，ヒントン導入，座談会
札幌市立大学　理事長・学長，公立はこだて未来大学　名誉教授・名誉学長．専門は人工知能．

**水原　文**(みずはら　ぶん)　チューリング翻訳，ブルックス翻訳
翻訳者．訳書にピックオーバー『ビジュアル数学全史』(共訳，岩波書店)ほか．
**橋本康弘**(はしもと　やすひろ)　ラングトン翻訳
会津大学　コンピュータ理工学部　コンピュータ理工学科　上級准教授．専門は計算社会生態学．
**小島大樹**(こじま　ひろき)　ラングトン翻訳
東京大学　大学院総合文化研究科　広域科学専攻　広域システム科学系　特任研究員．専門は複雑系．
**梶原侑馬**(かじはら　ゆうま)　ヒントン翻訳
東京大学　大学院総合文化研究科　広域科学専攻　広域システム科学系　修士課程在籍．専門は計算論的神経科学と人工生命．

**池上高志**(いけがみ　たかし)　座談会
東京大学　大学院総合文化研究科　広域科学専攻　広域システム科学系　教授．専門は複雑系と人工生命．
**石黒　浩**(いしぐろ　ひろし)　座談会
大阪大学　大学院基礎工学研究科　システム創成専攻　栄誉教授，ATR 石黒浩特別研究所　所長．専門は知能情報学．
**梅田　聡**(うめだ　さとし)　座談会
慶應義塾大学　文学部　心理学専攻　教授．専門は認知神経科学．
**佐藤理史**(さとう　さとし)　座談会
名古屋大学　大学院工学研究科　情報・通信工学専攻　教授．専門は自然言語処理．

〈名著精選〉心の謎から心の科学へ
人工知能　チューリング／ブルックス／ヒントン

2020年4月14日　第1刷発行

監修者　開《ひらき》 一《かず》夫《お》　中島秀之《なかしまひでゆき》

発行者　岡本 厚

発行所　株式会社 岩波書店
〒101-8002 東京都千代田区一ツ橋2-5-5
電話案内 03-5210-4000
https://www.iwanami.co.jp/

印刷・精興社　製本・松岳社　☆


ISBN 978-4-00-007796-5　Printed in Japan